南瓜計畫

狠心摘弱枝，
才能有最強競爭力的經營法則

THE
PUMPKIN PLAN

A Simple Strategy to
Grow a Remarkable Business
in Any Field

MIKE MICHALOWICZ

麥克·米卡洛維茲——著　温澤元——譯

目錄

第十章 瘋狂灌溉，爆炸性成長的絕妙技巧 231

第十一章 遵守「飛安說明卡法則」，休假也能繼續賺錢

第十二章 打破市場曲線

前言

寫給時間永遠不夠用的你

想像一下，你現在打算買顆好南瓜。你把孩子塞進車內，驅車前往當地南瓜田。來到田邊，眼前是一排排永無止境的橘色、綠色與棕色南瓜。你想挑一顆完美無瑕的南瓜，但每顆似乎都長得一樣。要選出不合格的南瓜倒是很簡單，有撞壞的、表皮坑坑疤疤的、碰傷的，或是讓你想起丈母娘嘴臉的。

你尋尋覓覓，走出玉米田迷宮後一眼看見這輩子見過最大的南瓜，看起來就像查理．布朗的「大南瓜」[1]那麼大，大到讓人不敢相信是真的。

突然間，你的孩子朝這個大自然的怪胎拔腿奔去，彷彿這是世上最了不起的東西，而你也不能否認這顆南瓜確實不同凡響。大南瓜讓田裡其他南瓜顯得渺小。你一步步朝它走去，眼裡甚至看不見其他南瓜，還納悶自己怎麼沒有第一眼就看到。雖然它四周圍了紅帶子以及「得獎南瓜，非賣品」標示，孩子還是一直拜託你買它回家。「拜託啦！我們**只想要**這顆！」你繞著南瓜走了一圈，讚嘆它的尺寸、讚嘆它如此出色非凡。你掏出手機拍下孩子站在南瓜旁的照片，傳訊息給朋友，叫他們一**定**要來看這顆世上最驚人、最巨大的南瓜。

這顆南瓜彷彿磁鐵，吸引其他民眾紛紛來田裡觀賞。大家經過比較小顆的南瓜時，還是注視著那顆橘色奇觀。光頭先生說：「怎麼可能有這麼大的南瓜？」婦人表情冷靜地表示：「一看就知道是基因突變。」小學生睜大雙眼地說：「農夫一定用了某種超神秘的植物維他命。」青少年則茫然恍惚地說：「喂，這根本就大得像是在賈霸[2]肚子裡塞一顆籃球嘛。」

任何極端特異的東西都有某種讓人難以抗拒的強大吸引力。從最強壯、最迅速，到

1 譯注：Charlie Brown，卡通《花生》（*Peanuts*）中從未現身的角色，據說會在萬聖節當晚發放玩具給相信他存在的乖小孩。

2 譯注：Jabba the Hut，星際大戰的反派人物。

最獨特的都一樣。只要擁有田裡最了不起的南瓜，農夫就贏了。毫無例外。

對創業家來說也是如此。不過，多數創業家拼死拼活，只種出平凡無奇的小南瓜。比起那顆巨大南瓜，這些苦苦奮鬥的創業家經營的公司毫不起眼，平凡到經常被顧客無視、推到一旁，或想都沒想就留在田裡擺到爛。

想成功創業，你的公司必須具備無可抗拒的魅力。平凡就輸了，而且會任人遺忘凋零。最獨一無二、**最棒的**公司才是贏家。

你大概會想：「拜託，你真的以為我拼死拼活只是想成立一間平凡公司？我到底還要做些什麼才能成為最頂尖的？」

很簡單，你不用多做什麼，你需要做點不一樣的事。你必須想像自己是個南瓜農。對，你沒看錯，就是南瓜農。但我說的不是**普通**的南瓜農，而是特立獨行、穿連身工作服、嘴裡嚼稻草的瓜農。你就是那種會出現在晚間新聞中，專門參加農業特展、一輩子致力於種出半噸重南瓜的瓜農。事實證明，在所有人之中，只有這群人才握有建立一流企業的「秘訣」：種下穩健的種子、看出哪幾顆南瓜最有前途、砍掉其他瓜藤，**只栽培**最有潛力那批南瓜。

在本書中，我會說明我是如何透過瓜農種出巨大南瓜的策略，在三十歲生日前創立兩家市值數百萬美元的公司、得到頂尖企業關注，並反過來協助他們全面發展業務。前無古人、後無來者，我將這套策略命名為「南瓜計畫」。我不只會分享自己跟頂尖企業的成功故事，更重要的是，我還會教你如何將這套概念跟經驗，運用在你的事業上。

永遠不要忘記：平凡無奇的南瓜注定被遺忘。只有巨大無比的南瓜才會吸引群眾，也才可能出現在節日賀卡上、冰箱裡，或畫質模糊的YouTube影片中……永遠不被淡忘。巨大南瓜才是傳奇。等你成功種出巨大南瓜，**你**也會成為傳奇。

隨波逐流、只賺能勉強過生活的薪水、存下剛好能拿去繳養老院費用的錢，全都不是你創業的動機。你之所以開創自己的事業，是為了推出一些能讓人讚嘆的東西、想徹底改變自己的生活品質、想讓世界有所不同。

已故的賈伯斯（Steve Jobs）因為不勝枚舉的創新成就而備受讚揚，蘋果（Apple）確實也是世上數一數二傑出的企業，這基本上都歸功於他的遠見。不過，賈伯斯的貢獻不僅止於創新。他過世時，蘋果有將近四萬七千名員工、數千家外包商，並基於需求或合作關係激勵了無數創業家，使之創造出服務蘋果與其顧客的業務。這是他對我們文化的巨大貢獻，影響層面早已超越我們聽音樂或與世界溝通的方式。

這才是傳奇。

你也能創立一間傳奇公司。

我知道你早就知道了。你知道要聲名大噪，就必須成為田裡最獨特的南瓜。我不是為了告訴你這點才寫這本書。寫這本書，是要讓你明確知道**如何**種出這樣一顆南瓜；是要向你介紹一套經過檢驗的系統，讓你不掉入創業陷阱，成功在你的領域創造最具吸引力的事業。

我的第一本書《衛生紙計畫》（*The Toilet Paper Entrepreneur*）是寫給想要創業，卻自覺缺乏相關教育、資源、動力、專業與資本的人。目標讀者是數百萬個滿懷希望的人，他們為了達成目標願意努力、敢於冒險。第一本書是為了提供創業者所需的工具，讓他們成功挺過創業初始階段。那本書談的是播種，這本書談的則是將種子栽種成了不起的作物。

《衛生紙計畫》二〇〇八年出版後，我跟數千名創業家談過，場合包括：我在世界各地參與主講的研討會上；我以專家身份出席的各大電視與廣播節目裡；討論我替大小刊物撰寫的文章時；在我那風格古怪的部落格；還有面對面談。這群創業者正尋找一條往上爬的路，或是說一條出路。

直接接觸創業者，我才發現那些讓人冒冷汗的統計數字都是真的。創業者確實辛苦，都掉入了「買賣－做事－買賣－做事」的無限循環，感到絕望、失落、無能為力。無論熬了多少夜、錯過多少場孩子的足球賽，多數創業家都無法企及數百萬美元大關，更遑論越過這道門檻。

《南瓜計畫》就是寫給向我求助的創業家，他們說「幫幫我！不能再這樣下去了」；寫給疲於奔命的創業家，他們的創業美夢已經演變成現實生活中的惡夢；也是寫給需要一套經過驗證的系統的創業家，用這套系統度過難關、邁向卓越。我為每一位致力於建立輝煌企業的創業家而寫，也為每一位希望對世界帶來重大貢獻的創業家而寫。

這本書掌握了創業自由的關鍵。

按照《南瓜計畫》的步驟去做，你就能建立競爭對手望塵莫及的事業、並且讓顧客源源不絕——而且雖然聽來老套，但絕對能讓你過上夢寐以求的生活。

第一章

巨無霸南瓜
即將拯救你的人生

成功不是在比誰的客戶多。
想在產業中脫穎而出，
你必須先向瘋狂瓜農學習……

「麥克，你不會想變成那傢伙的。」

法蘭克（Frank）是我的事業導師，今年已經七十歲。他停了幾秒，確認我**真的**有專心在聽。我們花了一個上午討論經營策略，我累到腦袋簡直要爆了。法蘭克來自「最偉大的一代」[1]，看起來就像名主持人菲爾賓（Regis Philbin）那樣，每天穿西裝，就連在家也不例外。他作風低調，你絕對想不到他曾經建立市值八千萬美元的公司。

「哪個傢伙？」我問。

「就是那個只剩一顆蛋的老頭……蛋蛋還露出來掛在短褲外。他像條狗一樣窮忙了五十年，最後坐在生鏽的草坪椅上，半死不活，口水還從下巴滴下來。」

噢，**那個**傢伙啊。

法蘭克直截了當地說：「如果不改變商業策略，你永遠都不會成功。你會為了創辦百萬美元事業而把自己搞死，最後破產、過得淒慘悲哀。你只能靠社安退休金度日，回想這令你失望的一生。」

哇，這也太慘了吧。我夢想的退休生活是在某片海灘上喝著瑪格麗特，和美麗的妻子一起欣賞燦爛的夕陽，但現在我看是不用想了。更慘的是，我知道自己正往法蘭克所說的方向走。我創業五年了，卻依然一無所有。好吧，還不算真的一無所有，至少我的兩顆蛋還在。

我根本是事業的奴隸，只要看看我臉上因為壓力引起的紅色疙瘩就明白（我從來搞不清楚那是什麼）。我的工時長到誇張，跟老婆還有五歲兒子的相處也只是表面上的陪伴，實際上我還是在用筆電、講電話、談生意，或是在思考生意，完全沒有把注意力分給我人生最重要的那兩個人。我徹底失去平衡。這個狀況或許你很熟悉，或許你**完全懂**。或許你臉上也有粗巴巴的紅色疙瘩。

我的電腦科技公司奧爾梅克（Olmec）花了四年，營收從零成長到將近一百萬美元。還滿厲害的吧？根本沒有，全部是屁。我們的成本超高，現金根本**沒有**在流動，一百萬美元感覺像個笑話，一個無敵殘忍的笑話。當公司接待員賺得比你還多時，總營收根本一點意義也沒有。我連家人都快養不起了，還得持續面臨發薪的壓力，好讓團隊裡所有成員有辦法養**他們的**家。

1 譯注：The Greatest Generation，指1901-1927年出生者。

我得了「要是」的病，這種病也困擾著多數處在創業中期的創業者。我一直想「要是更努力就好了」、「要是有人投資我就好了」，或者「要是能獲得一個大客戶就美夢成真了」，所以我拼命衝衝衝，相信自己離成功就**差那麼一點**。不過，我彷彿是滾輪上的倉鼠，拼死拼活卻一點進展也沒有。**不能這樣下去了**。我不想淪落成只剩一顆蛋、流著口水的老頭。

嘆了一口氣，我拿出筆記本說：「好吧，法蘭克，我該怎麼做？」

被客戶逼死的人生

跟絕大多數傑出非凡的點子一樣，創辦奧爾梅克的想法也是在酒吧誕生的（如果你的第一個創業計畫也是寫在被啤酒弄濕的紙巾上，請舉手。我就知道）。當時我二十三歲，在電腦服務公司擔任技術人員。某個週五晚上，我跟從幼稚園就認識的好兄弟克里斯（Chris）一起出門發洩怒氣。我被老闆氣到不行，但我根本不記得原因。我其實只是想找個出口，咒罵的內容很快就從「我比他聰明，也比他認真，這行我比他還懂」，演變成「老闆是個混蛋！」乾了十四杯便宜的酒之後，克里斯跟我都同意該把這爛工作辭掉，一起成立我們那該死的電腦服務公司……真是該死。

這是相當典型的復仇故事，我很快就看出上述情境至少有三個問題。首先，酒後之勇雖然有助於克服起先的恐懼，但在神智不清的狀態下策劃事業，卻會抹滅所有理性的想法，而創業最需要的其實是理性思維（超怪的）。第二，如果要經營一番事業，光是每天去公司上班還不夠（誰曉得？）。第三（大概也是最惱人的），你就算擁有自己的事業，還是躲不掉原本那些逼得你借酒澆愁的苦差事（想不到吧！）。

回想剛創業時，你肯定充滿腎上腺素與希望而活力百倍對吧？你的夢想很大，**超級了不起**，因為你需要無比宏大的夢想，才能把你從光做白日夢的躺椅上拉起來，真的去幹大事。閉上眼睛，夢境生動地在腦中上演：我是百萬富翁，主掌著超成功的公司，能無憂無慮過著很棒的生活。

但一睜開眼，還是得面對無情的現實。我們沒有客戶，更糟的是也不知道如何找客戶。所以囉，你們完全可以想像為什麼我辭職還不到一週，就已經被恐懼給淹沒。那是一種徹徹底底、完完全全將靈魂吞噬的恐懼。你們應該知道在你努力想幹大事時，那種不停浮現腦海的「我是魯蛇」的想法吧？就像電視螢幕下方的氣象跑馬燈，一直在腦中轉來轉去。要是產品賣不出去怎麼辦？要是失敗怎麼辦？要是我必須爬回去找我的混帳老闆，拜託他讓我回去上班怎麼辦？

恐懼驅使我行動。沒別的選擇。我只有一個小問題，就是該如何找客戶。我開始挨家挨戶敲門，真的敲（這難道不是電影才有的情節？**很老的**那種）。我追著各式各樣的客戶跑，大的、小的、遠的、近的，從動物標本剝製師到保險業務都不放過。只要客戶對我的服務展露一丁點興趣，我就會點頭說好，完全不管對方提出什麼要求。

「需要我開六小時的車去幫你裝電腦滑鼠嗎？沒問題。」

「給你打對折，再加上一百二十天的網路服務？當然好。」

「我對這個系統一無所知，還要花兩天讀那份三十公分厚的手冊，而你問我能不能幫你維修這個老舊的電腦系統？手冊還是用法文寫的……作者是個不懂法文的中國人？當然可以！怎麼會有問題！」

公司成立的前幾個月，我跟克里斯就像袋獾那樣四處獵食。我有固定的上班時間嗎？當然有。只要醒著就在工作，也算固定時間吧。我完全沒有自尊，所以為了省錢，我熬夜工作或睡在客戶的辦公室。我讓妻子跟五歲兒子搬到我唯一負擔得起的安全住處：安養中心裡的一間公寓，住戶平均年齡在八十歲跟往生之間（我覺得裡頭多數人早該走了，卻活得好好的）。那裡的住戶會在凌晨三點起床吸地板、在樓面走來走去，或是收看公共廣播電視公司的節目，音量大到只有聾子才受得了。但真要說，那裡多數的居民**確實**都聾了。

奧爾梅克起先就有不錯的營收，後來越來越多，日進斗金。不過，無論公司到底進帳多少，剩下的依然少得可憐。雖然已經**有**客戶，我還是從凌晨五點工作到晚上九點，每週工作八天。我還是追著客戶跑，不管是阿貓阿狗打電話來我都點頭。這種折磨人的苦差事一**個接**一**個**來。

創業兩年後我真的撐不下去了，就像一根被燒光的蠟燭，健康出了狀況。克里斯也一樣。不過，對失敗與虧損的恐懼逼得我繼續工作。我的臉就是在這時冒出性感的紅疙瘩。在我家的聖誕照片中，我的臉比聖誕樹更花。即便如此，我還是像瘋子一樣不斷告訴自己：「一**定有**個甜蜜點，事業會在那時直線往上衝，所有辛苦的付出都會有所回報。」對我來說，解決之道再清楚不過：只要繼續讓引擎運轉就好；不只要努力，還要更努力，直到引擎故障或我累垮為止。

兩年後，在二〇〇〇年，美國小企業管理局（Small Business Administration）將我選為紐澤西州的年度青年創業家。馬上，某間知名銀行的總裁就提供我一筆二十五萬美元的貸款，讓我擴張公司業務。我應該大賺一筆了吧？沒有。外人看來，我彷彿**正在**實現夢想，但我的狀況其實完全沒改變——依然被業務綁住，像以前一樣拼死拼活。而且不管賺了多少，手頭還是很緊。我心想：「要是創業能帶來財富，我怎麼還這麼窮？」

我專屬的尤達大師法蘭克就在此時登場。我在自己參加的第一場商會會議上認識法蘭克。當時滿屋子都是自信膨脹、拼命拉攏生意的推銷員，而他是唯一沒向我推銷的。他只是坐在角落看著。他真的不在乎你到底有沒有請他來擔任業務指導。他也沒有必要在乎，畢竟他本身是一家大型醫療服務公司的總裁，輕輕鬆鬆就讓市值從八百萬美元提升至八千萬。所以他不需要這份工作，也不需要錢。他在這個人生階段，要的是生活樂趣，他想要指導（說認養可能更貼切）年輕創業家。

我確實聘請他了，也試著遵照他的建議（我真的有）。我努力成為法蘭克定義的創業家，而且後來才知道那才是創業家的**唯**一定義：「麥克，你還不是創業家。創業家不會把所有事攬到身上。創業家會找出問題、發掘機會，然後制定一套流程**讓其他人跟其他東西**來完成工作。」不過，我當時的主要目標是找到更多客戶、讓客戶滿意，所以充其量只是個表現尚可的學生。

法蘭克是那種喜歡白板跟圖表的人。可能是白板筆的味道讓人飄飄然，每次聽他指導我也都暈眩茫然。法蘭克言之有理，但我不曉得如何**實踐**他教我的事。他畫出B點，但我人在A點，不曉得如何將兩點連起來。後來，我勉強運用他的策略……我有時間才會照他的話做，但我從來都沒時間。

他在某次指導時，點出我那淒慘悲哀的未來。法蘭克說：「如果你不想落得跟那個只剩一顆蛋的老頭一樣下場，就要減少客戶量。」

減少客戶量？他瘋了嗎？我拼成這樣才累積出這群客戶。我們需要的正是**更多**客戶，要是開始把客戶砍掉，要怎麼達到目標？

法蘭克說：「按照營收順序把你的客戶列出來，然後把貢獻最高的客戶分成兩類，一類是很棒的客戶，另一類為其他。後者是那些很無趣或超級煩人的客戶，每次打電話來你都不想接的那種。然後留下高營收的好客戶，其他全部砍掉，一個不剩。」

天啊！法蘭克瘋了。他一定是吸白板筆吸到秀逗了吧。我告訴自己，要是把讓人退縮或無法帶來大筆收入的那些客戶砍掉，進帳就會不夠了。我必須裁員，從大型辦公室搬到較小的辦公空間……更有可能的是，我需要去連鎖餐兼差大夜班。

我知道這個策略很簡單，對法蘭克來說顯然也很有效。他的生活就是鐵證：賺超多錢，而且還是合法、流動的，有一大筆資產。但他的說法還是把我嚇壞了。我就是不懂為什麼要擺脫那些辛辛苦苦找來、好不容易才讓他們滿意的客戶。這個提議聽起來超瘋：對客戶說不、對錢說不、對潛在的推薦機會說不……

但變成只剩一顆蛋的可憐老頭對我來說**更可怕**。

我確實遵照法蘭克的建議……至少某種程度上有。我大致擬了一份名單，上面列出很棒的跟沒那麼棒的客戶。我欣然擺脫幾個佔我無數次便宜的混帳客戶，但不把次等的客戶完全砍光。問題是，法蘭克派了很多功課給我，而在追趕客戶的同時還要完成所有功課是不可能的（對，我還是想要更多客戶）。

每一次我想把注意力集中在那份很棒的客戶清單時，就會分心去應付緊急狀況、處理難搞客戶，或者一邊解決付款問題，這樣才能準時發薪。跟多數創業家一樣，我包辦了公司大小事。我將「工作狂」的稱號當成勇氣的象徵。但我從來就沒有脫離生存模式，所以還是繼續拼死拼活經營事業跟人生。那個只剩一顆蛋的傢伙出現在我夢裡。他坐在我肩膀上，無情地訕笑我。對，他就坐在我肩膀上……我才不想告訴你他剩下的那顆蛋掛在哪。

好啦，我可能精神異常，但還沒**那麼**瘋。我知道只剩一顆蛋的傢伙是壓力太大胡思亂想的虛構之物。但我真的很擔心。我**到底有沒有辦法**擺脫這種痛苦人生？我能不能賺到大家**以為**我有賺到的那一大筆財富？還是我的下場是缺牙、流口水、禿頭、滿臉疙瘩，而且身無分文？

然後，有一天，一顆半噸重的南瓜拯救了我的人生。

成為一流經營者的秘方，就藏在南瓜田裡

那是十月，當地報紙刊了一篇文章，內容是說有位農夫種出巨大的得獎南瓜。這傢伙不是你想的那種典型農民，而是個怪咖農夫，非常執著要種出特大號南瓜。他這輩子

努力打破州紀錄，也真的辦到了。照片裡的他坐在平板貨車上，笑得像是中樂透，身後有一顆我這輩子看過最大的南瓜。我就是想知道他如何種出這種巨無霸、半噸重、成功奪獎的南瓜。

報紙文章這樣分析種植南瓜的步驟：

- **第一步**：種下有潛力的種子。
- **第二步**：澆水、澆水、澆水。
- **第三步**：南瓜紛紛長大時，定期摘除生病或受損的南瓜。
- **第四步**：以近乎歇斯底里的態度除草。如果不是南瓜株，半點綠葉或根都不留。
- **第五步**：等南瓜長得更大，找出更強壯、長得更快的。然後把所有前途沒那麼光明的南瓜砍掉。重複上述步驟，直到每條瓜藤上只剩一顆。
- **第六步**：將注意力集中在大南瓜上，像養育嬰兒那樣全天候照顧，把它當成自己的第一輛跑車來愛惜。
- **第七步**：看著南瓜長大。成長季節的最後幾天，南瓜的生長速度會快到你能親眼

見證它的成長。

天啊，我在心裡驚呼。這瓜農掌握了創辦一流企業的秘方。這就是我的免死金牌，我的終極目標，也是我缺少的關鍵，更是我通往成功的那把鑰匙（對，對我來說就是這樣，而且遠遠不僅如此）。這就是答案，就是這份白紙黑字的報導……就在一片橘紅的南瓜田裡。這就是我多年來苦苦尋找的答案。我必須把我的公司當成巨大南瓜！以免大家覺得我發瘋了，以下是我讀完那篇文章後領悟到的道理：

- **第一步**：找出並運用你最強大的天生優勢。
- **第二步**：銷售、銷售、銷售。
- **第三步**：業務有所增長時，推掉所有規模太小、討人厭的客戶。
- **第四步**：絕對、絕對不要讓會使你分心的東西有發展空間（通常會被稱為「新的機會」），立刻把這些東西除掉。
- **第五步**：找出你的頂級客戶，推掉其他沒那麼有潛力的客戶。

- **第六步**：將注意力全部聚焦在頂級客戶，培養並保護他們。找出他們最想要的東西，如果這正是你最擅長提供的服務，就給他們。然後，盡可能替更多相同類型的頂級客戶複製出同樣的服務或產品。
- **第七步**：看著你的公司變成龐大企業。

我想像瓜農不顧一切澆水、施肥、疼愛、守護和照顧大南瓜的畫面，於是我的下一步就變得非常清晰。他對種出巨大南瓜的狂熱僅次於連環殺手，他的行為不過是反覆遵循這個簡單公式，就成功種出無比巨大的南瓜。如果我也遵循這個瓜農種出巨大南瓜的方法，使用這個也在法蘭克「客戶清單策略」的方法，像個瘋狂農夫一樣專注於服務頂級客戶，我就能將業務培養成一顆巨無霸「南瓜」。眼前的路已經非常清楚，這就是我從目前位置（A點）抵達目標（B點）的路徑。

第一個重要的頓悟時刻終於降臨。原先出於恐懼的商務策略，能讓奧爾梅克達到近一百萬美元的總營收，卻無法讓總營收達到**數百萬美元**。我開始理解法蘭克的建議了。對每個人都點頭的策略，無法讓公司長期營運，事實上還會阻礙成長。我的精神跟力量太分散，浪費在服務那些會把我逼瘋、卻無法讓我發財的客戶。服務這種客戶的話，我就無法將寶貴的時間用於服務那些我喜歡一起工作、**能夠**讓我賺錢的客戶。

我也把時間用在自己沒那麼擅長的事，但我本該專心做我擅長的那幾件事。我花時間寫廣告跟行銷訊息，只為了讓每個人（連同他們的老媽）願意選擇我們的服務與產品；我幫爛客戶做新工作，想知道如何給他們更棒的服務；我忽略手上最棒的客戶，而這些客戶才剛開始成長茁壯而已。我沒有幫這些客戶澆水，而是往他們身上撒種子，把他們擠出去。我只會播種，卻不會澆水；我從來不除草，也不細心呵護。

我知道自己很擅長找出服務客戶的最佳方式，並且開發系統來複製服務。但假如我忙著處理爛客戶、想辦法讓他們滿意，而他們想要的東西又各不相同，那我怎麼有餘裕把最好的服務給最棒的客戶？

創業一旦度過初期，成功就不再是比誰的客戶多。如果想在競爭中脫穎而出，就必須除掉其實是在拖累我的那些客戶，把事業上無益於成長的部分刪去，並找到一流的方法來服務最頂級的客戶。我就像古怪執著、種出巨無霸南瓜的農夫一樣，將所有時間、注意力、愛、資源、創造力跟能量，全部集中在「田裡」最有希望的客戶身上。

我跟克里斯分享這一番頓悟，我們於是認真遵照南瓜計畫，結果一切幾乎在轉眼間變得容易許多。我們立馬看到成效，甚至幾個月內就得以跳出倉鼠滾輪，不再擔驚受怕。頂級客戶感覺受到搖滾巨星般的待遇，我們的員工也很開心。我們的利潤不斷攀升，然後繼續增加。之後，我開始覺得自己是真正的創業家，四年來頭一遭。你知道，我說的是敢冒險並實踐夢想的那種。

我們還不是百萬富翁，但我現在知道一個更棒的辦法能成為百萬富翁。我整個人充滿幹勁！我微調了南瓜計畫，讓這項策略成為自己的，在這段過程，我真的愛上創業的藝術。不對……我愛上的應該是創業的**科學**。

在實施第一份南瓜計畫的兩年後，我選擇讓克里斯買斷我的公司股份，我才能闖出自己的一片天。我想要從零開始運用南瓜計畫。隔天，我就開了一家全新、截然不同的公司。克里斯繼續運用南瓜計畫，奧爾梅克則業務興隆，生意簡直好到跟印鈔機一樣，景氣再差也完全不受影響。

而我呢？好吧，各位，我變成一個怪咖……就像那些執著於做一件事的古怪南瓜農一樣，一心只想建立超級成功的企業。時間推移，我調整自己修改過的南瓜計畫，讓這系統更臻完美，接著在兩年十一個月又八天之後（到底誰會算這麼細？），我用數百萬美元的價格，把第二家公司賣給一間財星美國五百強的企業。

只剩一顆蛋的傢伙？去你的。

執行計畫——在30分鐘內行動

1. 找到「為什麼」

如果你的夢想只是變成名人、變有錢，那還不足以建立起可觀、一流的企業。問問自己為什麼要開創這番事業，而不是去做別種生意。你的目的是什麼？是什麼讓你有這番動力？如果你知道「為什麼」創立這番事業，就能跟客戶產生共鳴。更重要的是，這番信念會成為你的指南針。你也真的需要這樣一個指南針

（你有沒有不看指南針、試著找路走出森林的經驗？）。

2. 為今年度的收入設定一個「脈動」目標

為了讓你事業的心臟再次跳動起來（代表你能輕鬆存活，不必活在恐慌與害怕裡），你需要多少營收？不要把自己放在清單的最後。首先，要計算你需要賺多少錢，生活才能過得舒服；需要賺多少才知道自己已經再站穩腳步。然後搞清楚你的公司需要多少營收才能維持這種狀況。記住，我們只是想聽見心率監測器重新發出**嗶嗶嗶**的聲音。之後，你可以調整自己的收入目標，把你所有的渴望都加進去（送弱勢家庭的孩子上大學、見見世面……或者是口袋隨時有錢可以買奶油夾心蛋糕）。

3. 提出更好的問題

真正的大南瓜有無比強壯的根基。只有問出很棒的問題，我們才能找到最好的解答。與其問：「我為什麼在掙扎？」不如問：「我該如何才能每天賺兩千美元回家？」不管怎樣，大腦都會找到解答。把你在撞牆時常問的那個又大又糟糕的問題寫下來，然後換個角度來問。

本書中的各行各業故事

我喜歡好故事，所以寫了很多故事，協助讀者想像如何將南瓜計畫運用在任何企業，甚至是（不，其實就是）**你的企業**。這些故事會運用本書中詳述的所有策略，包含你還沒讀到的，還會加上標題如「在某某行業種出大南瓜」。

為了清楚說明，我們構思了這些故事來讓你看出南瓜計畫的無限可能。附在每個章節後方的故事，目的是讓你知道南瓜計畫的公式確實有效。不管競爭對手有多難纏、不管你在銀行裡有多少錢、不管你有多少客戶，南瓜計畫就是有效。

每則故事都包含範例，會具體說明書中細述的多數或全部策略，而不只是該章節探討的策略。所以說，讀完這本書、完全學會運用南瓜計畫來策劃自己的事業之後，你可能會想回頭讀這些故事。

另外要**清楚說明**的，就是這本書中也有很多真實故事，有關於我的，也有關於其他人的。這些故事被安插在各章節，作為真實創業家的案例。他們運用南瓜計畫的某些面向，成效相當顯著。我會指名道姓說出故事中的人是誰。這些情況自然不會跟你的處境百分之百相同，但我希望你能從中得到啟發，至少要有所思考。

閱讀愉快！

☑實踐計畫——在「旅遊業」種出大南瓜

你是一家小型航空公司的合夥人。放好隨身行李、繫好安全帶、把桌板收起來，我們要用南瓜計畫來規劃你的事業囉！

你的航空公司無法跟大企業競爭，也無法跟中等規模的航空公司匹敵。你有十五架飛機，運行往返紐約、波士頓、費城、華盛頓特區等主要城市的短程航班。除非別家航空公司出狀況，不然你的班機永遠不會客滿，甚至很少有人知道你的公司叫什麼：大東航空公司。

你試著在價格上競爭，但比不過西南航空跟捷藍航空。你試著比別人便利，但聯合航空、達美航空跟美國航空有更多班機、更多航班選擇跟其他東西，所以也把你比下去了。你試著跟人比獨特的附加條件跟服務，但維珍美國航空在這方面比你強多了。你試圖在這三個面向同時跟人競爭，狀況變得相當棘手。**真的**很棘手，就像飛機碰到緊急狀況。你想照著他們的遊戲規則來跟他們競爭，卻快把自己逼死。你可以把問題推給景氣或油價，想怪誰都可以，反正大東航空就要撐不下去了。

就是如此，直到你決定用南瓜計畫來調整業務。第一步是填寫評估表，但你覺得很難填，因為公司的回客率實在太低。不過，你還是堅持把表格填完，發現最糟的客戶是那些在航程中提出不合理要求的旅客：要求更好的電影、更棒的耳機、更多零食等。而且，他們只有在你提供半價優惠或其他限時促銷活動時才會搭乘。你真的、**真的**不想推掉任何客戶，因為你正在拼命招攬客戶，但你也想拯救垂死的事業、想讓公司好好發展，所以你依舊照辦。擺脫並不難。只要沒有折扣，「有問題的」客戶就會消失。

你發現，最棒的客戶是那些在最後一分鐘才訂票的客戶。諷刺的是，他們之所以坐你的飛機，是因為他們馬上要飛到別的城市開會，而其他航空公司的票都賣完了。這些客戶基本上沒什麼忠誠度，多數不會再次選搭你的飛機。不過，你還是打電話給其中十人，詢問他們的願望清單。

你問：「有哪些服務還能改善呢？」他們說：「沒有。」你問：「我的公司有哪邊讓您不夠滿意？」他們說：「沒有。」嗯……這比你原本想像得困難。你臨機應變，又開口問：「旅行中最讓你失望的點有哪些？」

水壩就此潰堤。突然間，客戶開始跟你大抱怨。他們說由於機場交通以及安檢問題，每次搭一小時的飛機都要花上半天。你的頂級客戶，也就是這些在最後一分鐘別無選擇時而選你的客戶，他們都是住在大城市郊區的企業主管跟專業人士。搭飛機時他們的生產力就是零。他們沒辦法在計程車後座工作，開車去機場時也沒辦法，在超長的安檢隊伍裡排隊時也一樣。

你感謝他們提供建議，然後開始跟團隊腦力激盪。如何才能把他們的不滿，變成讓大東航空徹底蛻變的關鍵？你問了很多很棒的問題，但一直存在的問題是：「如果我們能把**搭上飛機**的時間減半，或減到更少，能帶來什麼改變？」你想出一個很棒的解決辦法：開巴士四處接駁乘客，這些巴士能走**共乘車**專用車道。而且，跟其他機場巴士不同的是，你能直接把乘客載到大東航空的入口處。由於他們移動到機場會損失寶貴的工作時間，所以你在每輛巴士上裝設桌板，還有筆電專用插座以及無線網路。

你決定試試看這個想法，並找那些跟你分享不滿的客戶來體驗。他們很愛這個點子，但這不足以讓他們離開心愛的航空公司、成為你的固定客戶。所以你又回辦公室集思廣益，額外想了些關鍵點。首先，你跟接機區域的地方教會合作，讓通勤者週一到五能免費將車停在教會空地（當然，你會付教會一筆錢）。再來，你在每輛巴士上安排一名辦理通關的專員，在乘客上巴士時協助辦理登機報到。如果有行李需要托運，你就在車上辦理，把行李放在巴士上，到達機場時再讓地勤**幫他們**拿去行李掃描。

然後你決定竭盡所能、使出渾身解術替乘客開闢一條專屬的安檢通道。你必須為此支付額外費用，但如果能讓頂級客戶美夢成真，那就值得了。

拿著修改過的計畫，你再去找這些客戶徵詢更多建議。當你聽到對方問：「你們什麼時候會正式實施這套新系統？」就代表方向對了。

你知道頂級客戶想在航班上享有超高生產力，而不想要影視娛樂，所以你拿掉飛機上的電影跟廣播服務，這些都是被你排除的客戶想要、但一直不太滿意的部分。你也取消給兒童的零食。現在你已經刪去你不需要的客戶的相關開支，能將其中一部分拿來投資飛機上的**免費**無線網路、禮賓服務，以及CNN或MSNBC的即時新聞動態等。

在你推出全新、特別的專屬服務之前，你覺得是時候脫穎而出、停止跟其他航空公司競爭了。你重調公司定位，搖身一變成為「菁英快捷通勤服務」，甚至不再稱自己為航空公司。你的目標客群是不想浪費時間往返機場的商務人士。你已經**鎖定**這項服務，你發明這項業務！

你的頂級客戶一開始選擇你的服務，可能是因為卡在計程車裡、沒有更好的辦法，但他們現在都想登記成為你的VIP俱樂部會員，想馬上預訂航班。他們認同你的新名字，因為他們**是通勤族**。他們開始到處介紹你的服務，而你的多數航班現在都早早就被訂滿。

你公司的地位越來越高，你在企業雜誌、《華爾街日報》（*The Wall Street Journal*），還有商業類的熱門部落格上投放廣告。你在頂級客戶居住的郊區社區贊助慈善高爾夫和網球比賽。你個人在專門辦給創業者的貿易展上露面。

然後你推出一個「低承諾，高達成」（Under-Promise, Over-Deliver）的計畫，讓頂級客戶讚不絕口（他們現在都很開心）。你跟其他服務高階主管與通勤者的公司合作，在飛機上提供產品試用。你在飛機上發放降噪耳機、頂級鋼筆、新的無線網卡、手機，就像在飛機上舉辦歐普拉脫口秀的聖誕特別節目，但不是每次都發放。乘客永遠不會知道他們什麼時候會拿到新產品——這表示你的班機**永遠**是滿的。

要不了多久，菁英快捷通勤服務就成為美國東岸高階主管與創業者的**首選**航空。你的服務讓人難忘，經常接受媒體採訪報導，很快就有人請你拓展服務，將航點延伸到洛杉磯、拉斯維加斯及舊金山等地區（幸好你把公司改名成快捷通勤服務，不然大東航空要怎麼在**西岸**營運，對吧？）。

機票價格呢？你可以開出市場上最高的航班票價了。將旅行時間減少一半、省掉許多麻煩，這值得消費者付出大把鈔票。

然後呢？你必須買更多飛機來載客啦！

第二章

在商場上窮忙的兩種人

多數經營者的生活都失衡了，
他們要不是成為金錢的奴隸，
就是成為時間的奴隸。

我指導兒子的足球隊時認識了布魯斯（Bruce）。我猜是他先認出我，因為比賽結束時他直接朝我走來。布魯斯有點年紀，但還算是個肌肉猛男，想必以前身材非常好。他說：「我讀了《衛生紙計畫》，已經關注你三年了。」（碰到讀者時，我的激動難以言表，非常感謝能聽到它有幫助。我既興奮又謙卑，因為這表示我實現了自己定義的人生目標。每當有人要我簽書，我都會嚇到差點漏尿——這是我從小夢寐以求的搖滾巨星時刻。不是尿褲子的部分，是簽名。）

我謝過布魯斯，他說：「我需要你。我不知道要如何找到你，這次似乎是命運的安排，所以……」

布魯斯解釋，雖然他一年創造七十萬美元的營收，但幾乎要破產了。他是婚禮與各種活動的花卉供應商，也出租婚禮設備器材，同時也經營一個展覽兼零售空間，並將空間租給其他婚禮供應商。我答應那週會去那個展覽空間跟他碰面。

布魯斯帶我參觀時，說他窮到必須跟父母借錢（他不是那種不自量力的大學生，他在這行已有二十年經驗）。我問：「跟你租場地的廠商，誰賺最多？」結果賺最多的是攝影師，而且比別人多很多。攝影師在這個展覽空間裡的空間最小，收入卻是布魯斯的十倍。而且信不信由你，布魯斯通常還會幫攝影師接洽客戶……因為攝影師忙到沒時間**出現**在展覽空間。

布魯斯身兼數職，不僅快破產，生活還因為巨大壓力搞得一團糟。這沒什麼好意外的，專注力降低本來就會讓銀行存款減少。

我們坐在他昂貴的展覽間傢俱上，準備簡單聊聊「下一步」時，他說的其實都正確：「必須改變這狀況，我不能再這樣下去了，必須專注。」但我知道他沒準備好。他**以為**自己準備好了，因為他的生活就像失事的火車殘骸，而實際上他只是狗急跳牆。他感覺挫敗，卻還不足以做出艱難大膽的決定來挽救事業。我怎麼知道他沒準備好？因為我餘光瞄到他的凱迪拉克休旅車停在外面。換作是我，早就把那輛煩人的車賣了。

事業處於崩潰狀態時，創業家會經歷三個階段。首先，我們否認自己在掙扎。你知道我在說什麼。有人問你生意如何，你說：「很好啊，剛爭取到一個大客戶！」但在心裡，你能感覺到隨著壓力累積，肺整個緊縮起來。狀況不理想，錢正快速流失。但你害怕承認自己在掙扎，要是別人認為你沒有能力怎麼辦？要是潛在客戶不理你怎麼辦？如果團隊也開始質疑你怎麼辦？在崩潰的第一階段，創業家否認真相，因為他們的自尊承受不起。

只有當事業準備跨過死亡之門時，我們才會承認自己在掙扎。進入第二階段。對許多人來說，壓力這時已經成為日常現實。每天醒來都壓力超大，睡覺也無法放鬆。作夢充滿壓力。壓力過大而感覺緊繃。這種狀況不斷重複。你會用某種變態反常的態度，開始因為壓力大而自豪。你會跟別人說：「你以為自己過得很糟嗎？拜託，我的人生才慘吧！」連在這個階段，依舊不會有任何改變或導正的行為，因為大家會靠宣洩情緒或找人訴苦來得到短暫解放。雖然狀況似乎不同，但這一樣是自尊心作祟。

第三階段，我們會舉雙手投降（又是那種失敗主義），然後說：「人生爛透了。」搞得好像自己被命運捉弄（根本沒有），而我們的成敗完全無法自己掌握（事實並非如此）。這個階段你並不陌生，你會對天揮拳，大喊：「為什麼是我？為什麼被懲罰的是我？為什麼我就沒有半點好運？」（也許還會補上幾句生命力十足的髒話）。多數人會在這時投降。他們停止努力，但繼續工作。更正，是**沒日沒夜地做苦工**，然後承認狀況永遠不會好轉。所有幹勁都沒了。

布魯斯就是典型案例，他正處於「生活爛透了」的階段，但他的行為還是沒有改變，也沒有反映出他現在的處境，所以才會有那輛惹眼的車。許多創業家就這樣下去，年復一年，永遠處境堪憂、不斷承受壓力，做著從第一天開始就在做的爛事。沒有任何變化。除了他們的血壓……和債務……還有稅金，其他東西都沒有往上爬。**就這樣了**。

第一次見面過了幾週，我同意跟布魯斯再碰個面、喝杯啤酒，聊聊他的選擇。他說：「我請不起你，但我需要你。」我可以從他的憔悴中看出，岌岌可危的事業已危及他的健康。一般來說，我很少做企業指導，而且也從來沒有免費做過。我也不曉得為什麼，但我同意接下布魯斯的案子。

我說：「我從來沒有這樣做過，以後也不會再做，但我會幫你，學費就是這杯啤酒。」（一定要有某種形式的交換，就算一杯水也好。）布魯斯露出鬆一口氣的表情。我接著說：「我會跟你一起工作三次。我會清楚告訴你需要做什麼來挽救生意。首先是刪去這些狗屁開銷，包括那輛車。所有非必要支出都刪掉；所有次要業務也砍掉；所有其實是**屬於其他廠商**的客戶也全部推掉。」

我明確闡述如何用南瓜計畫來改善他的業務時，布魯斯的表情變了。他看起來有點擔心，甚至有些害怕。我能看出他在內心反覆考量著有哪些支出「必須」保留、哪些項目「必須」繼續進行，還有哪些混亂「必須」維持。我說：「你不會接受我的說法。但如果你遵循我的計畫，就能拯救公司。」我本來還想加上「以及你的生命」，但他看起來似乎承受不了，所以我把話吞回去。

然後，他說出一句我每天從世界各地的創業家口中聽到的話：「但我只差一位客戶就能成功了。我只要把那個大案子做完就好。」

沒這回事。布魯斯還沒準備好。他依然認為自己需要的是一位重量級客戶，這樣所有問題就能迎刃而解。但問題在於他等了**二十年**，一直都只差一位客戶啊。

無論布魯斯多希望這是真的、多想**相信是真的**，事實偏偏不是如此。這永遠不會真。沒有人離成功只有一筆交易的距離。一筆錢或許能救你一命、讓你活過這週，但靠一筆錢成功？辦不到。想真的成功，想達到自己一開始設下的目標、成為產業佼佼者，你需要的先是一個健全的事業。你需要強大的根基，一個規劃完善、高效率的基礎架構，並且瘋狂專注在你做得非常、非常好的那件事上。與其一直去搞定沒效率的部分，你必須把它當成癌細胞一樣直接切除。然後，你需要去拓展**有生產力**的部分。

布魯斯這種人並不是真的想「成功」，他們只是想撐到下週二而已。

相較之下，艾瑞克做得還不錯，至少乍看是如此。身為一級方程式賽車手、工程師與全能型賽車專家，艾瑞克很年輕（剛成年）就開始開車，並且堅持要在這行闖出名堂。過去二十年來，他已經開創頗有規模的事業。你有聽過二十四小時不間斷的賽車比賽嗎？他得過冠軍。你有聽過保時捷等豪華車商舉辦的大型展覽嗎？他就是協辦人。你有聽過讓庸才（呃……例如我）學開一級方程式賽車的駕駛學校嗎？是他創辦的。身為賽車工程師，他還協助車手贏得比賽。他也做生意，很多生意。

唯一的問題在於，艾瑞克的事業幾乎就是他自己。他確實有組成並管理一個工作團隊來協助他處理繁瑣的工作，但他其實滿像一人樂隊的。在職涯初期，艾瑞克就有所頓悟。「我發現，要成為超級明星賽車手，機會就跟成為電影明星一樣渺茫。我也體會到，只在賽車的一個專業領域耕耘的話，其實沒辦法賺到能養家的收入。」他對我說：「所以我學會把每件事都做到最好。」

交談過程中，我注意到艾瑞克不斷提到：「我做的一切都是為了養家。」雖然我充其量只是個業餘的人類行為觀察家，但我以前就碰過這種狀況。反覆強調是一種防衛機制。他心中的某些想法跟外在行為兜不起來，他的大腦試著要保護他。艾瑞克之所以重複這句話，並不是因為我必須相信這件事，而是**他自己**需要相信這件事。意識到原來自己真正犧牲的是自由和與家人相處的時間，這點他實在難以承受。

艾瑞克永遠在工作。只要是跟一級方程式賽車有關的，大家第一個就想到他。在前往加拿大蒙特婁賽道的前兩天，艾瑞克從威斯康辛州的比賽場地打電話給我，解釋為大家雇用他的理由：「我可以清楚告訴你每樣東西的成本，比方說拖車、輪胎、我們所站的帳篷、每個人的工資，任何支出我都說得出來。我還能說出贊助合約的細節、賽車手是否準備好了、賽車檢測的結果、有哪裡需要調整，以及該找哪位工程師來調。我之所以站在這裡，並不是因為我對某件事很在行，是因為我對每件事瞭若指掌。」

我請艾瑞克告訴我有哪件事讓他成功賺大錢，他說：「我早就幫自己定了一條規則：電話一響就要接。我為了謹守這項規則，電話費一度高達三千美元。如果半夜手機響起，我會接；晚餐吃到一半響起，我也會接。客戶都知道他們**隨時**都能找到我，這對我的事業幫助很大。」

我懂，我明白。但我也知道這種程度的付出，使客戶成為艾瑞克人生舞台的中心。他讓自己累到不行，這樣才有辦法跟上所有的財務成功、所有新機會，以及所有可能。

比起多數同行，艾瑞克賺得更多。他在這個自己熱愛且高度競爭的產業屹立不搖。問題只在於艾瑞克全年無休、沒時間陪家人，而且還每週七天、一天二十四小時接聽電話。他成了自己事業的奴隸，因為這個事業百分之百依賴他：他的知識、人脈、對賽車的獨到觀點與手法。艾瑞克掉入另一個圈套，也就是用時間來換取金錢。他已經到了極限。他失去平衡，變得比較像機器而不是人類。太諷刺了。

他跟布魯斯一樣困住了，只是他賺比較多。

我問艾瑞克他能如何擴大業務規模時，他說：「我也不曉得，你說呢？」艾瑞克認為他的知識與技能是無法具體傳授的，跟許多一人樂隊一樣。要是不能具體傳授，就沒辦法系統化；如果沒辦法系統化，就無法讓這些技能更健全完善。就是這樣。如果現在的工作讓你賺了不少，你就可能陷入這種心態：我是這個星球上唯一能做這件事的人。你看不到你替自己設下的陷阱。

之所以分享艾瑞克的故事，是想告訴大家被困住的方式其實還有另一種。你或許跟艾瑞克一樣，做得不錯、賺很多，能過上不錯的日子。你可能沒有債務或現金流的問題。你可能在產業中很搶手，可能也很愛自己的工作。但是，假如你的事業需要仰賴**你**

來完成一切工作，或甚至是絕大部分的工作，你就永遠種不出巨大南瓜。請記得法蘭克對創業家的定義：**創業家會找出問題、看出機會，並建立一套流程，讓其他人和東西來完成工作**。

布魯斯和艾瑞克就跟你一樣，創業之初也懷抱夢想。我不確定布魯斯的夢想到底是什麼，但那輛凱迪拉克休旅車是滿明顯的線索。他想要的可能是榮華富貴、享受人生，以及所有成功的外顯象徵。而艾瑞克，好吧，我其實知道他要的是什麼，因為他有跟我說：「我之所以踏入這行，是因為我很愛賽車。」艾瑞克純粹是為了喜悅跟競爭的快感，因為他是競爭者，生來就是要贏。

不管你是勉強苦撐、過得「還行」，或者正認真尋找其他出路（希望你正在找），你或許正在想，當初充滿希望的創業夢是一場空、只屬於少數幸運兒（或含著金湯匙出生的人，對，川普就是你）。就算你有機會在產業中稱霸、賺進大把鈔票，也可能會拼命到死。誰有時間？你當然沒有。你每天工作二十五小時、每週工作八天。你很少跟家人相處，難得挪出時間參加女兒的舞蹈表演，或跟好兄弟出去喝一杯的時候，其實也心不在焉。你不是真的活在當下。你心裡想著最近碰到的問題，又該怎麼解決。

醒著的時候，你時時刻刻都在努力找出解決方法，想讓剛起步的事業站穩腳步。你努力扮演好各種角色，擔心發不出工資，害怕退休時社安退休金不夠買泡麵。假如連吃飯的時間或錢都不夠了，誰還有時間去追尋夢想？

你還記得當初的夢嗎？

讓我來喚醒大家的記憶吧。

你想照自己的選擇來自由生活、工作、表達自我。你想有影響市場、文化以及社群的力量。你想有一番作為。你想從零創造出一些讓人讚嘆的事物，一些大家想要、喜愛以及讚不絕口的東西。你想成功，百分之百、無庸置疑的那種。

如果這一切都剛好能讓你賺進大把鈔票，那就更好了。

反之，你變成事業的奴隸。事業佔據了你，而且把你整得超慘。就算世界上其他人認為你是頂尖（或崛起中）的創業家，但如果你願意誠實，那麼現狀是：事業有時像流沙，而你正在中央逐漸下沉，連可以伸手拉的樹枝也沒有。

我每天都看到報導或是部落格文章，談論創業家都準備好要隨時啟動世界經濟。事實上，很多創業家是準備好要從橋上往下跳了。如果你有注意到近幾年的新聞（或者工作量太大讓你沒時間看新聞），根據美國勞動部統計，美國每年有一百萬個新企業成立，但在五年內會有八〇%失敗收場。大家，看仔細了，是八〇%。

問題在於，創業家被困住了。布魯斯被困住，是因為他成為金錢的奴隸（因為他沒錢）；艾瑞克被困住，是因為他是時間的奴隸（他時間不夠）。你被困住是因為……你自己講。

你不曉得自己有沒有被困住？我們來確認一下。

如果你聽過自己說：「再爭取到一個客戶（案子、交易或重大銷售），我就真的成了。」或者你的事業需要靠你來**完成工作**，或如果你覺得自己的夢想不過是夢一場，那就是卡住了。而我知道脫身的方法，能讓布魯斯脫身，讓艾瑞克脫身，也能讓你脫身。

我在書中呼籲你做的某些事，你不會想要做。你會跟布魯斯一樣，抗拒部分或甚至全部我給的忠告。你會跟艾瑞克一樣，告訴我這在你的產業裡行不通，「因為這行太特別了」，或是說太專門、太與眾不同了。你會對我（也對自己）有所保留，並選擇哪些步驟要跳過、哪些可以照做——這不是因為這套策略好到你不敢相信，而是因為我要說的很多東西（我**知道**自己說的都是真的）有悖於你的直覺。這些東西可能會擾亂你的自我、挑戰你的自我認知，甚至把你嚇壞。

所以，如果你不確定是否該繼續，請問自己一個問題：

你想要自己的事業痛苦且緩慢地凋零嗎？

我先假設你會回答「不要」，然後我再繼續講。我不想把話說得太難聽，但你必須明白，除非你已經是最好的、在產業中已經無人能敵、沒有被大量帳單或期望壓得喘不過氣，否則你最後很可能淪落成只剩一顆蛋的那傢伙。我真的，**真的**，不想看到這種事發生在你身上。我討厭那傢伙。

執行計畫——在30分鐘內行動

1. 重溫美夢

你曾經有個夢，你清楚知道自己的生活樣貌、你會怎麼運用手上的大把現金，也清楚知道夢想實現時你會有的感受。當你腦中所想的一切，只有該如何拿出下一週的薪水時，夢想就顯得遙不可及。不過，正是這個夢想讓你不輕言放棄。你現在就需要它，比以前更需要。所以，現在就重新溫習當時激勵你創業的夢想。把夢想寫下來，隨時放在身邊回顧……因為，我們就要讓夢想成真了。

2. 就是這樣

對，就是這樣。只要花點時間，完整的三十分鐘，如果需要更久也沒關係。認真想一想你剛創業時，為自己、家人、事業所構思出的那個夢想。

☑ 實踐計畫——
在「網路業」種出大南瓜

你是網路電商，賣的是時裝珠寶。先別管統計數字，把那些包裝盒推到一邊，讓我們用南瓜計畫來調整你的業務吧！

你已經有個不錯的小事業，在網路上銷售原創和模仿大品牌設計的時裝珠寶首飾。你在家上班，工作相當靈活彈性，這代表你能花更多時間跟孩子相處。你很喜歡這點。但你賺到的錢還沒有達到你的目標，還沒有達到你**以為**自己能賺的那個數字。每次你熬夜到凌晨三點忙著包裝時，就開始懷疑一切到底值不值得。這一件又一件的珠寶首飾，這裡一件、那裡一件，全都吃光了你的利潤……跟你的時間。

所以你填了評估表，把頂級客戶跟一般般的客戶都寫下來。由於是電商，很多客戶都只消費一次，這代表你不用真的把有問題的客戶「趕走」。反之，你的目標是取得前五大頂級客戶的願望清單。但奇怪的是，即便是那些一直跟你買東西的頂級客戶也很常退貨，最新款商品的退貨率尤其高。

於是你拿起電話，打電話給前五大客戶。他們發現原來這門生意背後有個「活生生」的經營者，覺得感動，而且打電話來的還是真正的公司負責人，這讓他們更開心了。

在電話訪談中，你得知五大客戶中有三個在經營二手服飾店，他們賣了很多珠寶首飾給那些尋找婚禮飾品的準新娘。他們都不是很滿意，因為無法幫新娘跟伴娘找到相配的。而網購珠寶對他們來說是無可避免的風險：新飾品在照片上似乎很棒，但實際收到並搭配禮服時，卻又常常差強人意，所以退貨率才這麼高。你問：「如果能找到一系列給新娘跟伴娘的時裝珠寶，你會拿到店裡銷售嗎？」所有頂級客戶都立馬說：「會！」。

你稍做研究，發現沒人在做這門生意。沒有人。你打電話給你最棒的設計師跟廠商，跟他們分享你的想法，也就是特地為新娘設計一系列珠寶飾品。你答應會在自己的電商上獨家販售這系列，然後你回去找頂級客戶，跟他們一起發想更多點子，直到你搞清楚他們想要的是什麼。

你將自家網路商店形象改頭換面，專注於服務新娘精品店與零售商。首先，你提供珠寶給每一位頂級客戶，供貨讓他們放在店裡。每個款式的樣品只需要一到兩套，只是拿來展示給每天到店裡來的幾十位新娘。新娘喜歡某一款，那店老闆就能上網訂購。這個策略很不錯，是時候擴大規模了！

你先從認識的人開始，也就是那些經營小店跟二手服飾店的人，他們走到哪你就跟到哪。你去參加相關的貿易展覽、節慶跟活動。你在少數幾份同業雜誌、電子報，還有產業相關的部落格上刊登廣告。你到所有時裝秀與商品展售會上宣傳你的最新款珠寶首飾。

你很快就找到數十個零售商來銷售你的系列產品。而且，因為你在同行已經闖出名號，因此認識了一些新設計師，他們邀你合作，替他們的新娘禮服設計新的珠寶飾品。報章雜誌跟大型婚禮網站紛紛報導你的公司，一轉眼，全國各地的新娘都直接在你的網站購買珠寶。此外，你一次販賣整組珠寶飾品（項鍊、耳環、戒指）而不是單件銷售，所以每筆的利潤更多……更別說你還省下更多寄送商品的成本（像是時間跟包材）。

最重要的是，你打破時裝珠寶的市場曲線，在婚禮產業中創造屬於自己、針對特定客群的曲線。儘管現在有了競爭對手，但你還是市場主導者，因為：

1. 你是第一人。

2. 你對這個產業瞭若指掌。

3. 你跟設計師和零售商合作無間，因為你**聽到**也**回應**了他們的不滿跟期望。

現在，你的事業成為產業中的佼佼者，你每天晚上都一夜好眠。人生真美好。

第三章

種子，
你事業的開端

最棒的企業種子必須具備三要素，
缺一不可：獨家提供、系統化，以及頂級客戶查克．雷德克里夫（Chuck Radcliffe）種植巨型南瓜，但他不是你以為的那種典型南瓜農。他只是在自家花園種種東西。他在第一次嘗試栽種大到能裝進一個嬰兒的南瓜時，就迷上種植這種橘色的巨無霸怪物。不，他不是怪人（至少不是**那種**）。他的兒子在十月二十九日出生，查克覺得應該要將寶寶裹著毯子放進南瓜中拍張照，只把頭露出來。超可愛。

隔年萬聖節，查克種出一顆大到能裝進他一歲兒子的南瓜，這樣他就可以再拍一張照片。從那時起，查克就一直努力種出更大的南瓜，這樣每年才能拍這種紀念照。對他來說，這項任務成了奇怪的競賽——他想要看看兒子跟南瓜誰長得比較快。當然啦，查克的技術與時俱進，在十八年內，他種出來的南瓜大到可以容納，呃，你能想像小查克把新女友帶回家時有多尷尬嗎？要是她受得了一起拍當年的紀念照，小查克最好把她娶回家！

查克開始種植巨無霸南瓜時，目的只是拍照。現在他投入是想贏得比賽，想打破紐澤西州的紀錄。（什麼？紐澤西？對啊，你以為我們只有高速公路跟職業殺手有名嗎？老兄，還有南瓜哦！）

動筆寫這本書時，我尋找勉強沒那麼怪的南瓜農。對這些人（像是查克）而言，種出巨大南瓜是種生活方式，一種全心全意投入的熱情。我運用了他們種出巨大南瓜的策略，建立起兩個成功事業，所以想知道他們還有哪些秘訣。

跟查克通了一個小時的電話後，我比九九．九%的人更了解澆水方法與栽種模式。我超級入迷，瘋狂寫筆記，趁著他聊到尼加拉瓜大瀑布時，記下在自然形成的聖誕樹狀根部結構之上，南瓜的抗性有哪些程度上的區別。

顯然，查克和數百名熱愛種植巨大南瓜的民眾每年都會到尼加拉瓜瀑布朝聖，參加國際巨型蔬菜種植者大會（International Giant Vegetable Grower's Convention）——這不是我自己亂編的，也不是克里斯多夫．葛斯特（Christopher Guest）的《人狗對對碰》（*Best in Show*）最新一集的主題。

查克說：「所有頂尖種植者會齊聚一堂。大家會去酒吧裡喝幾杯，可能會有人給你一顆價值五百美元的種子，所以我覺得很值得一去。」

等等，一顆價值五百美元的種子？他說的應該是一桶吧？或者，至少是一包？

「一顆種子就要五百美元？你說真的嗎？」

「對啊，這還不算什麼。最好的種子起價要大概一千八百美元。」查克解釋。

我驚呆了，又重複了一遍：「只是一**顆**種子？」

「對啊，就那麼一顆。」

我說：「不好意思，只是在這麼小的東西上，這好像是很大一筆錢。」

「對啊，但要種出獲獎南瓜，你就必須種下一顆也能得獎的南瓜種子。」

說得好，查克，說得真好。

他解釋說，要用普通的種子種出汽車般大的南瓜是不可能的。所有南瓜種植者都想要一顆能種出巨無霸南瓜的種子，這樣就能種出更多跟汽車一樣大的南瓜並且奪得大獎。

這時，查克提到浩爾．迪爾（Howard Dill）。

我們在晚間六點新聞看到的所有巨大南瓜（不管你是住在托皮卡〔Topeka〕還是聖保羅〔St. Paul〕），那些巨無霸南瓜都來自同一個血統：迪爾的大西洋巨人南瓜品種（Dill's Atlantic Giant）。這個品種是由巨型南瓜之父迪爾所開發，已故的他來自加拿大新斯科舍（Nova Scotia）。

「如果想種出大南瓜，就要選大西洋種。」查克表示：「沒有其他替代選擇。」

我想了解更多，所以一跟查克講完電話，就上網搜尋浩爾・迪爾。我發現迪爾當了一輩子的農夫，他靠「迪爾的大西洋巨人南瓜」品種，在一九七九年首度創下世界紀錄，往後也是每一項世界紀錄的源頭（他的南瓜農場，就在發明冰上曲棍球的池塘附近……這也太美好了吧！）。迪爾後來替種子申請專利，目前販售給全球數十家種子公司，家人也在他去世後接手經營這項業務。對南瓜種植愛好者來說，迪爾是個傳奇。他是巨型南瓜種植者當中的霸主。他**擁有**自己的利基市場。

我的思緒被那顆一千八百美元的南瓜種子佔據，我算了一下：一顆重量約兩百分之一盎司的種子，價格可能超過一千八百美元，大家知道這代表什麼嗎……巨大南瓜的種子比黃金還值錢。而且是**遠比**黃金值錢。大家好好想一想。在寫這段文字時，《富比世》（*Forbes*）指出每盎司金價大約一千七百五十美元。一盎司獲獎的大西洋巨人南瓜種子價值大概要，天啊，要花你三十萬美元。你可以用十塊美元買到一小包一般的大西洋巨人南瓜種子，但**光是幾顆**獲獎品種的種子就比你的汽車還貴。

你明白了嗎？我之所以說這些，不是要慫恿你把所有錢拿去投資迪爾的大西洋巨人南瓜種子。這件事之所以跟你有關，主要是因為如果要盡可能成立最成功的企業，你必須先從自己的大西洋巨人種子下手。

剛開始創業時，你跟我一樣，可能種下很多不同種類的種子。你有一堆了不起的點子，也張開雙臂歡迎形形色色的客戶、拼命工作，努力讓種子茁壯。你不停澆水，一澆再澆，最後連你都要淹死了。有些種子長得比其他的好，長成讓人心滿意足的好南瓜……我是指，利潤。但其他種子卻枯萎凋零，就算你窮盡寶貴的資源來維繫他們的命脈也無濟於事。有些種子甚至連芽都發不出來。

不過，假如你把所有時間跟精力都集中在最棒、最有潛力、最有價值的種子呢？憑藉專業的照顧與關愛，這顆種子必然能長出一條瓜藤、結出碩大的南瓜。假如你不需要浪費時間跟金錢，嘗試用不同方式種出不同南瓜，狀況會不會比較好？假如你確信種子會回饋你的全心全意，不停長大、長高、長壯呢？

我要插手幫大家回答了（雖然我很想聽大家的答案，但讀者跟作者目前還沒辦法這麼熱絡）。這問題真的不難。要是你的種子比黃金貴一百五十倍，那保證能種出巨無霸南瓜，做出能餵飽整個小鎮的南瓜派。你一定會充滿幹勁，也會很開心、有成就感，而且很可能變得富有。

查克知道他只需要一顆迪爾的超級特殊種子，就能種出長滿整條瓜藤的南瓜。要是他遵照實證可行的種植方法，至少能得到一顆大得驚人的南瓜。如果他想要更多顆，只要遵照同樣流程，再栽種一顆迪爾的神奇種子就可以了。

不要浪費時間去種植不一定會成功的種子。種下你**知道**最有可能成功的種子，把注意力、金錢、時間跟其他資源都精準集中在這區域，直到所有創業美夢都成真。

如何找出你專屬的巨人種子

你跟野心勃勃的巨大南瓜農的主要區別，在於你已經掌握最棒的種子，你只需要把種子找出來就好。

你的巨無霸種子基本上就是你的甜蜜點，即頂級客戶與業務最棒的那個部分的交點。在這個交點，推動你業務的系統化核心流程，能讓你最愛的客戶獲得最大利益。

在下一章節，我想告訴大家如何評估客戶清單、找出最棒的客戶。但現在，你只要把他們看作你最想合作的人就好：提供你最多業務、有合理期望，以及溝通良好的那些人。我知道你手邊有一份簡短的最愛客戶清單，你每次都會毫不猶豫地先服務他們，我們就從這群人開始吧。

如果你剛創業，還沒有客戶，就想像一下理想客戶的模樣。這應該不難，因為你的理想客戶應該跟你很像。你們應該會有共同興趣、價值觀、原則、期望，同時也有相似的性格與工作方法。

從各個角度來看，最棒的客戶就像你最好的朋友。

他們對你有好感，你也很喜歡他們。你們處得很來，因為很懂彼此，也互相尊重，相處時很輕鬆開心。另外，雙方都能從這種關係中有所收穫：他們得到需要的服務，你也得到他們願意支付的報酬。想像你最好的朋友會是什麼樣子，再以這個形象來塑造理想客戶的樣貌，一切會簡單得多。

你的核心系統就是你獨門提供的服務或商品，會讓你與同行有所區隔。這不只是服務或產品，同時也是你提供的方式，以及你能端上檯面的特定才能、能力和經驗。這是你偉大的想法、專業技術，還有整個人散發的魅力。這些因素全部調和在一起，成為一杯無法被取代、獨一無二的雞尾酒。

在《衛生紙計畫》中，我談到專注於創新區域（Area of Innovation）的重要性，並說明三種類型：品質、價格與便利性。沒有人能同時在這三個領域成為真正的領導者。很多人試過，但都失敗收場。用超低價格快速提供優質產品，這是不可能的。

比方說，我們都知道沃爾瑪（Walmart）是價格的王者。價錢就是他們的主要戰場，而他們幾乎百戰百勝。所以說，假如他們想推出自己的線上ＤＶＤ租賃服務、跨入便利性的戰場，跟百視達或網飛（Netflix）競爭呢？他們不只會輸，還會輸得一塌糊塗。他們以符合沃爾瑪的風格，以低於網飛跟百視達的月費來搶客戶，但在不到兩年的時間內只有三十名訂閱用戶。那時，網飛的訂閱數是十倍，高達三百萬人（百視達則剛跨過八十萬的門檻）。此外，沃爾瑪沒有把基礎設施準備好，無法在便利性方面與人競爭。比方說，網飛有更多配送中心，所以能將更多ＤＶＤ交給更多客戶，速度比沃爾瑪快。沃爾瑪再強大，也無法在價格低廉的核心競爭力以外與別人競爭。所以你也不能。[1]

---

1 編注：Walmart在2010年是全美最大的ＤＶＤ通路，買下Vudu加入線上租賃的戰場。

你必須做出選擇。你的創新區域是什麼？你是那種花時間把事情做好、注重品質的人嗎（想想賓士）？你能給客戶最棒的價格嗎（想想沃爾瑪）？還是你能提供市面上最便利的服務或產品配送呢（想想麥當勞）？

但等一等。麥當勞的價格也不差啊。一份特大號的漢堡、薯條，還有比頭還大的汽水，在六十秒內從車窗外遞給你，而且只要七．九九美元。這樣就是啦，又快又便宜，不是嗎？

不對。麥當勞並不是打價格戰，他們玩的是**便利性**遊戲。我上次去超市，可以買到一瓶兩公升的汽水、一磅絞肉跟幾包馬鈴薯絲，價格還不及一份麥當勞套餐。你可以用同樣的價格來餵飽一家四口。所以，超市在價格上獲勝。但你看，六十秒內就能吃到一個漢堡，聽起來真不賴。麥當勞在便利性佔上風。

你的創新領域只是獨家商品或服務的其中一個要件，另一個部分則是你的頭號優勢，也就是你做得非常好的那件事。這件事對你來說非常自然，容易執行，感覺甚至不像在工作。你的頭號優勢也是你最熱愛的事，能讓你發自內心感到喜悅。基於這些原因，這是你最想**先去做**的事。做這件事之前，你不需要先做好心理準備，也不用找人幫忙。對你來說已經成了本能。你可能一直想在每個領域有出色表現，所以做這件事讓你非常**懷念**，你也希望自己可以做。要是能把其他事情排開就好了。

把你的創新領域，跟你的頭號優勢、人生**以及**商業經驗（別人沒有的經驗，因為他們**不是你**）相互結合，你就能看出自己的公司跟競爭對手的真正差異。你提供的獨家商品與服務，這就是以下要件的整合：你的創新領域、最擅長的事，以及你獨有的特質、性格、才能跟興趣。

為了達到甜蜜點，你還必須考量自己有沒有將事業的各個層面系統化的能力。你或許會想（跟艾瑞克一樣），你的產業太專精、太微妙，所以沒辦法系統化整理。事實並非如此。業務量不斷成長，系統化應該會讓一切更容易，而不是更困難。工作流程會讓你習慣成自然，你會建立更多人脈，團隊中也會有更多人知道業務的運作方法。所以，考量自己的系統化能力時，可以自問：「這件事今天做容易嗎？我能不能隨著時間，做得一次比一次更上手？」

系統化能讓你離開職場、放一個月的長假，因為你知道就算你不在，一切也會照常運作。如果做得對，事業甚至還可能成長。

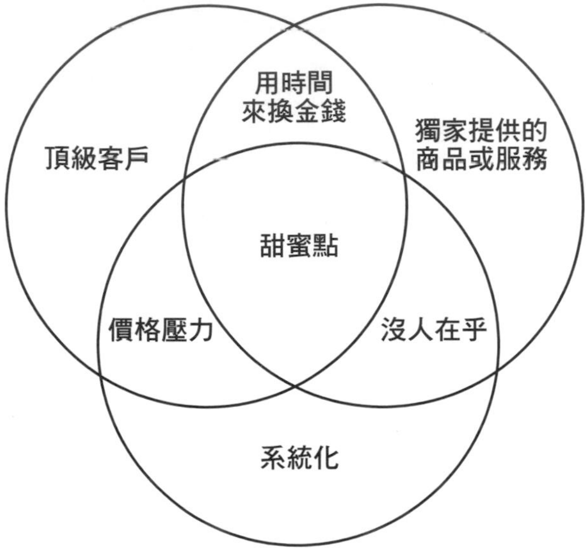

圖一　甜蜜點的三要素

我是個很重視視覺呈現的人。我辦公室的牆上掛著大型白板，還塗上黑板漆。所以我畫出這幅小小的圖表（圖一），來協助大家找到自己的種子。看看這張圖，我來說明一下。我敢說這絕對不輸法蘭克的圖哦。

左上角是頂級客戶，他們是在你填完評估表（見下一章）之後，晉升為現有客戶名單頂端的個人與企業，即你現在最棒的客戶。右上角是你獨家提供的東西，即你的創新領域、頭號優勢以及經驗的結合。最底部是系統化，即透過人員或自動化來輕鬆執行、複製你的服務或商品的能力。

圖表中央就是你的甜蜜點，也是業務能夠大幅躍進的機會。根據定義，你的甜蜜點（你的大西洋巨人種子）必須同時具備這三項指標才能發揮作用。任何其他組合都不會產生相同成效。

比方說，如果你只跟最頂尖的客戶合作（我會在第四章說明誰是），並提供獨一無二的產品或服務（競爭對手無法或難以複製的），但你缺乏系統化的能力（必須自己動手，不能假手他人），你就會持續面臨壓力，因為時間或金錢永遠不夠。你永遠都在用時間來換取金錢，就像艾瑞克一樣，這位走遍全世界開賽車的傢伙，電話永遠不關機，人生卻從來沒有開機過。

如果你提供獨特的產品與服務，而且很容易系統化，但基本上沒有人想花錢購買，這就代表找不到「頂級客戶」，那你顯然就完蛋了。

再者，如果你跟頂級客戶合作，公司業務也很容易系統化，但商品沒什麼特色，那業務就沒有什麼門檻。競爭對手會在價格上打敗你（經常如此），而且會用數不清的各種方式把你擠下去。這表示你的事業永遠沒辦法茁壯，但我們都知道其實有潛力。

荷黑．摩拉利斯（Jorge Morales）跟胡塞．帕因（Jose Pain）歷經一番痛苦才學到教訓。

二〇〇七年，他們成立專業電子控制裝置修復公司（Specialized ECU Repair），專修名車的電子控制裝置（一種非常精細的電腦設備，如果壞掉了，連要價十萬美元的車也會瞬間失靈），目標是盡可能幫助更多客戶。由於修好的電子控制裝置能使用三十年，所以大部分客戶是一次性的。他們因此努力迎合所有維修方面的要求，就連那些技術方面他們還不太清楚的歐洲車也不例外。

他們都是經驗豐富的電機工程師，而他們有一項特別專精的強項，那就是能在短短幾天內修好保時捷（Porsche）或寶馬（BMW）的各種款式與型號轎車的電子控制裝置。但對於其他奢華汽車品牌的產品他們就沒那麼在行。他們並不是**沒辦法**修理捷豹（Jaguar）的電子控制裝置，只是沒辦法在一週內修好。不過，由於荷黑跟胡塞想拓展業務，所以做了大部分創業家剛創業時會做的事：接下自己也許不該接的工作。

「我們剛開始受到誘惑，想試試看能不能修理自己不太熟悉的電子控制裝置，想知道修理速度是不是能跟處理我們熟悉的型號時一樣快。」荷黑向我解釋：「我們不得不告訴顧客我們沒辦法，並且退還維修費。我們必須拒絕一些我們不是很擅長的車款，比方說非常早期的捷豹，因為我們真的傷害了那些相信我們能完成工作的客戶。」

他們因此縮小接案範圍，只接他們**知道**自己能做得好的工作。他們滿足客戶的需求，提供高品質、值得信賴的維修服務。隨著時間推移，他們越來越擅長維修保時捷與寶馬的電子控制裝置。「我們接到更多工作，也開發出更多工具，維修時間大幅縮短。現在我們能在一小時內修復五部電腦、賺到兩千五百美元。」為了進一步系統化，他們還制定一套電子控制裝置交換方案，讓他們能在隔天就幫客戶取得新的電子控制裝置、把舊的裝置換掉。

荷黑跟胡塞找到自己的甜蜜點，也就是頂級客戶的需求（迅速可靠的維修服務）、獨家提供的服務（創新區域：品質；最有優勢的強項：保時捷與寶馬），還有系統化（用來提高維修效率的新工具和方案）的交接處。

「努力接太多案子的時候，我們沒有賺那麼多錢。現在我們只維修寶馬跟保時捷的電子控制裝置。把維修範圍縮得這麼小，卻賺到更多錢，實在沒道理，卻是真的。」果真如此。

為了拓展業務，你必須鎖定同時涵蓋這三個要素的甜蜜點，而不單只是具備一項或兩項。不然，你只會疲於奔命，忙著幫不同種子澆水，而不是專心照顧大西洋巨人。如果你不種植大西洋巨人（就算其他種子已經生根發芽），也永遠種不出巨無霸南瓜。就算你再怎麼奮力澆水照料，還是只能種出四磅重的南瓜。我們已經知道這種業務策略會導致何種結果。還需要我提醒大家想一想那個留著口水、只有一顆蛋的老傢伙嗎？他有可能就坐在你肩膀上（不要，千萬不要轉過去看！跟他四目相交他會發脾氣哦）。對，現在就把他一腳踢開，因為你知道他連甜蜜點都**沒聽過**。

你的瓜田只能有一顆種子

很多人開始做生意之後，就開始試著模仿別人。這是人的本性。小學時，我們會想要擁有其他小朋友擁有的玩具、看同樣的卡通，支持同一支球隊。到了高中，我們會模仿別人的風格、口頭禪，甚至是想法跟價值觀，只為了努力融入受歡迎的小團體。作為成年人，我們則努力追隨自己崇拜的人，開同款式的車、到一樣的地方度假，買一樣的爛東西。

我們不斷觀察別人，並以「如何才能更好」或「如何才能更像他們」為方向來做決定。你自己的公司要架設網站時，你做的第一件事是什麼？我賭你一定看了幾個競爭對手的網站。刊登徵才資訊、準備招募第一批員工時，你又做了什麼？我猜你一定複製競爭力最大的對手的徵才資訊，搞不好還去他們網站下載了僱傭契約。

那你推出新產品時呢？你在開發自己的產品前，有沒有先去研究對手的產品？我打賭一定有。這沒什麼好丟臉的，也不用苛責自己，我也做過一樣的事。但這是個陷阱，為什麼？因為你沒辦法在別人的田裡找到自己的大西洋巨人種子。你沒辦法複製大西洋巨人種子；你需要的是屬於自己的種子。你可以學習他人，例如競爭對手。但想找到自己的甜蜜點，你必須做自己。

你確實必須時時追蹤對手的動態，以免被比下去，但你同時要知道他們並沒有你獨特的大西洋巨人種子。要是他們真的構成威脅，那也比較像是侵佔你田地的雜草。所有的比較、批判跟試圖追趕對手，其實都是大錯誤，因為這會讓你遠離自己的甜蜜點。當你不再左顧右盼觀察別人，而是開始專注思考自己該如何輕鬆提供真正獨特的商品與服務、提供頂級顧客真正想要的東西；當你開始做對你來說最簡單、有趣，能帶來最多成就感的事情；當你不再只是個在競技場中亦步亦趨、模仿別人的人，你就能成為領先的佼佼者。

套句業餘瓜農查克的話：「想種出獲獎南瓜，就必須種下獲獎南瓜的種子。」你的田裡只有一顆大西洋巨人，而且你也不必開車到尼加拉瓜大瀑布去找。只要按照南瓜計畫來行動就可以啦！執行計畫就好。

執行計畫——在30分鐘內行動

1. 先把表格填好

在下一章節，你就能找出誰是你的頂級客戶，但我們首先要把基礎打好。在紙上畫下並標記出三個圓圈。你也可以到http://mikemichalowicz.s3.amazonaws.com/PP-SweetSpot.pdf下載畫好的範本。把這張紙貼在你每天都看得到的地方，想到細節就填上去。這不是一次就能完成的。要準備好隨時回顧、調整並改進。

2. 鎖定創新領域

你的強項是什麼?你公司以什麼著稱?是迅速交貨還是即時客服?你是否致力於提供無人能出其右的卓越服務或產品?還是你是產業中價格最低廉的選擇?花點時間來找出自己的創新領域。請記住,你不可能滿足形形色色的客群。你只能**專注服務**最重要的那群人,也就是你的頂級客戶。你**真正**創新的地方在哪裡?是品質、速度、效率,還是價格?知道了自己的創新何在,就來回答以下問題:如何將這個創新領域提升到產業內相當罕見、或者是更優秀且**前無古人後無來者**的水平?

3. 想清楚自己是否能系統化

有哪些工作是你覺得很難教給別人,所以乾脆自己處理的?假如你放了四週的假,哪些工作會無法完成?假如你休息喘口氣,業務會不會分崩離析?把這些事情列成清單，因為這就是你開始需要系統化的部分。建立系統勞心耗神，比「直接去做」還要花上十倍、甚至是百倍時間。只要系統完善到位，很多工作就會變成自動流程，你再也不需要親自去做。

實踐計畫——在「營造業」種出大南瓜

你是承包商。你拿出工作服、表面凹陷的黑色大便當盒，跟一九七〇年代的老舊鐵鎚——我們要用南瓜計畫來改造你的營造公司。

你身為總承包商，專門協助建設房屋與各式建築。市場相當競爭，你得跟其他承包商一樣搶客戶：包括迎合年輕小家庭的、迎合退休人士的，以及服務單身專業人士的建設公司等等。你跟其他人一樣，搶著從建築師那邊累積人脈、請他們幫你推薦客戶，就連瘋狂的客戶也不放過。在低檔市場中，不對，是在**任何**市場中，能找到的案子你都接。

你填寫完評估表單，清楚知道該割捨哪些客戶，像是那個一定要等兩百四十天才付款的混帳，還有那個拖延工作又突然更改完工日的建設公司。這些切割很容易，因為你一想到不用再跟他們打交道，步伐不禁輕快了起來。你只要告訴拖延付款的人說你要提高價格，還會收取高額的拖款利息。那傢伙很精明，轉頭就去找其他願意讓他欠款的人。拖拖拉拉的建設公司呢？你更改規定來斷開合作關係，表示拖延工作要額外收費，**還要**加收急件完工的錢。他們一溜煙消失了。

少了這兩個問題最多的客戶，你就可以開始縮編。既然不用追著還沒付款的人，你還需要全職記帳員嗎？還是兼職記帳員就能完成所有工作？你能不能縮減公司人力？

接著，你要把重點放在如何培養頂級客戶：建設公司。聯絡之前，觀察一下他們是不是有某些共同點。他們是專門建造綠建築嗎？是不是專門迎合某客群？他們需要特殊的建築材料嗎？找出相似之處，你就能開始制定專門接洽建設公司的計畫。

你打電話給前六大頂級客戶，找他們開會，討論如何提升你的服務。像是：「你對

我們營造公司最大的不滿是什麼?」、「假設所有要求都可以實現，你會希望我們這種承包商能替你們這種建設公司做些什麼?」、「哪些事能讓你的經驗(人生**和**事業)**更輕鬆**、**更美好**、**利潤更高**?」

得到幾份願望清單之後，你發現有兩家建設公司真心想找到工作速度快、快如閃電般的營造承包商。快速建造住宅看起來有市場。你就曾經用破紀錄的高效率蓋過一些住宅，確實也滿賺錢的。而且你也能開發出系統，很快就能把案子完成，一個接一個完工。在急件加價跟「你沒時間改變主意」的規定之下，你用超快速度蓋完住宅、賺更多錢。哎，你怎麼沒有早一點領悟呢?(答案：因為你忙著什麼都蓋啊，從狗屋到超級豪宅都想蓋……而且記帳員又忙著追討拖欠的帳款!)

突然間，你找到甜蜜點了：頂級客戶、最賺錢的服務，跟系統化能力交接的神奇所在。如果你專門用超快速度施工呢?你確實知道許多競爭對手都不主打這種服務，所以如果你專門提供，就能成為各大建設公司的首選。你就是**權威**。

於是你轉移注意力，在履行現有合約的同時重新按照新的業務重點重組業務。你回去找頂級客戶，告訴他們：「嘿，你說你想要快速施工，我們正在考慮專門做這種工程。這邊是我們的計畫，你能提供一些真實的回饋嗎？」你認真做筆記、調整策略，他們終於也急著想敲你檔期、跟你合作。

你已經有了新的重點業務跟能力，但很多潛在客戶跟你合作的建設公司依然稱你為「營造商」。你於是想了一個新名字，你現在是「快速住宅建設服務」的供應商。「那是什麼？」你的客戶問。太棒了，你創造了機會，可以告訴他們你跟同業的不同之處。

現在，頂級客戶給了你**很多**能賺大錢的案子，他們超愛跟你合作，因為你可以滿足需求。他們的業務蓬勃發展，你的事業也日漸興隆。所以你又去找頂級客戶，也就是建設公司，問他們：「你願意介紹我給你們喜歡的廠商嗎？我想跟他們集思廣益，想想看能如何讓你的生活更輕鬆、更美好、更棒。」現在你儼然是搖滾巨星，更棒的是，很多收到推薦的供應商會立刻來找你。

你跟保險經紀人、提供房貸的銀行以及建築師會面。他們也喜歡你，因為你想幫助他們，一起讓共同的客戶滿意。所以，如果有人問他們：「你知道有哪家營造商能在六週內蓋好一棟高品質房子？」他們會說：「哦，有啊，我認識一個很棒的營造老闆，他**專門**提供快速住宅建設服務。我來介紹給你。」你有發現嗎？有些廠商也在用你的新名字。太讚了。

沒過多久，大家需要找人立刻把房子蓋好時，就**只會**來找你。你就是當地市場上最大的南瓜。低價市場？那是什麼鬼？你的業務不再受利率或趨勢影響，甚至也不用再競爭。已經**沒有**對手了。永遠都有人需要快速施工的服務。絕對有。

第四章

你的瓜藤上
該留下哪些東西？

當你的時間與精力都被各種爛客戶瓜分，
頂級客戶最終只能離你而去。

我到目前為止都明確強調、屢次保證南瓜計畫是有效的，但你們可能還是有點遲疑，心裡大概在想：「這傢伙瘋了吧，我絕對不可能把客戶推掉！」就算你認為我**可能**是對的，你可能會覺得（跟婚禮花商布魯斯一樣）繼續疲於奔命最後一定會有回報（一**定**會有的，對吧？）。當然啦，你大概會把最討厭的客戶砍掉，但不可能砍掉所有讓你痛苦或增加你開銷的客戶。適得其反怎麼辦？你砍掉某個客戶，但他之後振作起來怎麼辦？假如你最後只剩下少少客戶該怎麼辦？

大家聽好：多未必比較好，**更好**才比較好。

你必須擺脫那種在數字上競爭的心態，不能再為了殘羹剩飯把自己累死。我要你把內心的恐懼一腳踢開，開始專注在特定客戶身上。當你好好愛護這些客戶（還有其他跟他們一樣的人），你最狂的發財夢就會成真。

我的好友哈柏（AJ Harper）在二〇〇五年開始擔任自由撰稿人時，任何到手的案子她都接。她寫文章、寫書、寫部落格貼文，什麼都寫。我不誇張，真的**什麼**都寫。講出來她可能會殺我，但我跟你們說，她曾經接過一次工作，是醫藥部外品的廠商邀稿，寫陰莖增大產品介紹文。而且，那個東西沒用。不要問我是怎麼知道的。

重點在於，雖然她賺的錢能維持生計，但她算不上成功，真的沒有。她每週工作七天，最後還得跟親友借錢才能勉強度日。更慘的是，她每天還要花好幾個小時競標新案子、試著爭取新客戶。

六年過去，她成功了。她底下有一個團隊，替她的圖書實驗室（Book Lab）公司出版一本又一本的好書。某天，我們吃著辣椒熱狗堡配麥根沙士一邊聊天，她跟我解釋自己如何扭轉局面。「入行幾年，我發現我只喜歡跟少數幾位客戶合作，而他們有個共同點。」她說：「他們都滿有料的，不是那種只會自吹自擂、跟讀者開空頭支票的人。他們有足夠的毅力跟意願，想讓自己的書出版問世。最重要的是他們很尊重我，這表示我們可以合作，這是我最愛的特點。」

她因此把精力聚焦在比較好的客戶，不再去尋找更多客戶。短短幾個月內，新的潛在客戶就透過頂級客戶的介紹，開始打電話給她。由於她在篩選客戶方面有了新標準（有本事、有毅力、尊重她），因此只願意跟符合條件的人合作，並跟那些合不來的客戶說不。二〇〇七年起，她不再去競標案子或是用任何方式行銷自己的業務。客戶自動出現，她愛這些客戶的程度，正如她愛那少數幾位**比較好**、啟發她設下新標準的客戶一樣。她不必向親戚借錢了，反而是他們會來跟她借。

多不一定比較好，**更好**才比較好。

如果只能帶一位客戶去無人島……

客戶有三種，而這三類的重要排序如下：一、好客戶；二、不存在的客戶；三、爛客戶。看看這份清單，你可能會想調換順序，或許會把「不存在的客戶」擺到最後，畢竟有總比沒有好，是吧？才沒有。壞掉的爛南瓜一樣會從好南瓜那邊吸取養分、阻礙好南瓜生長，爛客戶就跟爛南瓜一樣，會分散你的注意力、消耗資源、浪費金錢。沒客戶比有爛客戶好得多，因為你至少可以在沒客戶時去開發潛在客源，而不是為了迎合爛客戶的要求，強迫自己去調整、配合。

這也引出我的下一個問題。你這輩子可能回答過很多次「無人島」問題。你一定知道，就是類似這種問題：「如果你被困在無人島上，只能帶一個（請填上不同類型的東西：盥洗用品、人、音樂播放清單等），你會帶什麼？」我嗎？我會帶一支牙刷、一名海豹部隊成員，還有史上最偉大的重金屬專輯——威豹樂隊（Def Leppard）的《縱火狂》（*Pyromania*）。

趁你還沒有來質問我，我選擇海豹部隊成員而非我可愛、美豔動人的老婆（她可能會讀到這段，你懂）是有原因的。我沒有選擇老婆，是因為**如果**我們一起被困在荒島，不出兩小時就會沒命。說真的，我們大概是世界上最不會使用機械的兩個人。還有，我看到血就會昏倒，她又對太陽過敏，有一次我們好像還在桑達斯度假村（Sandals resort）**裡**迷路，差五分鐘就要請直升機來救援了……把我們救出泳池。我跟太太毫無生存能力，在荒島上肯定會死（可能會死得很痛苦）。所以我選海豹部隊成員，那些傢伙**十八般武藝樣樣精通**。

這是我想問你的荒島問題：如果你只能帶一位客戶去荒島，你會帶誰？你能忍受跟誰花好幾個月或幾年在荒島上相處，一起想辦法逃離那座島？你能信任誰？你愛誰？在荒島的期間，誰能真的跟你合作，找到生存（甚至是成長茁壯）的辦法？

在判斷哪些客戶值得ＶＩＰ頭銜時，不能只憑營收或直覺。如果你真的想努力創辦一番事業，就必須與你有默契、理念相通的超棒客戶合作，他們會讓你每天一早迫不及待去工作，而不是躲在被窩。你想要有潛力的客戶，他們會對新點子抱持開放心態，也能依照你的價值支付相應的酬勞。他們尊重你，希望自己事業有成時你能跟他們並肩同行。你不能把尋找這種顧客的任務交給命運，當然，你也不能天真等待爛客戶突然發現你有多棒，然後變成頂尖客戶。這種事不會發生。絕對，永遠，不可能發生。

那麼，你要如何控管客戶名單？首先，找出理想客戶、你的「無人島」客戶——也就是瓜藤上最有前途的南瓜。然後，仔細留意其他類似的客戶，這些客戶跟超級巨無霸南瓜要非常相似。為什麼這很重要？因為你需要最棒、最有前途的客戶來發展業務，而且是一大批這種客戶。

你會問：「不過，麥克。難道我就不能擁有一群好客戶，但他們都各自擁有自己的優點嗎？」

不行，行不通。

原因在此。你顯然沒辦法靠一位客戶建立事業，不管他或她有多棒都一樣，因為這樣你就得百分之百依賴他們的成功。另外，服務一百種客戶時，你也沒辦法建立有效的系統。要是沒辦法系統化，你就沒辦法拓展業務。如果不能拓展業務規模，你就會永遠跑著倉鼠滾輪。

所以，誰會跟你一起參加荒島求生實境秀呢？誰是你身邊第一名、無可取代，私心最愛的客戶？更重要的是，你**為什麼**選擇這一位？她有超狂的狩獵技巧？能用兩顆椰子跟一些海草做出收音機？他每次講故事都無敵好笑？一定要搞清楚自己為什麼喜歡跟頂級客戶合作、他們對你的業務有何幫助，以及為什麼他們能讓你的人生更輕鬆，如此一來，你才能從其他客戶身上看出這些特質，進而辨識出具有**最多**這類特質的新客戶。

如果你真的不知道自己願意跟哪位現有客戶一起流落荒島，那就自己想像一個吧。把那些無聊客戶的優點集合起來，創造出自己的夢想客戶（就像科學怪人那樣，但比他聰明），例如某一客戶的強大溝通力，加上另一客戶的付款效率。你組合出來的頂級客戶具備哪些特質？人脈很廣？資源豐富？會在你犯錯時原諒你？我知道，你不久之前（搞不好就是昨天）還在乞求客戶上門，**任何**客戶你都願意，而現在就要你捏造出一位完美客戶，這可能有些奇怪。但別忘了，你接下來就要不斷複製這個科學怪人客戶了，難道不該複製最好的版本嗎？

評估表：找出好客戶與爛客戶

你顯然無法趕走所有客戶只留一個。你還得吃飯。所以，該如何決定誰去誰留？如同南瓜計畫中的每個小步驟，這個環節很簡單（甚至還有一張便利明瞭的表格）。

我用南瓜計畫來調整自己的第一個事業時，照著法蘭克的建議將客戶排序：首先按營收，然後再按讓人退縮厭惡的程度。時間過去，我也開發出屬於自己、更為全面的排序方法（法蘭克抱歉啦），而且給它更講究、更巧妙的名字。大家準備好迎接這個表格了嗎？我稱呼它為……鼓聲響起……評估表。好啦，開個玩笑，這一點也不巧妙。不過，當事業岌岌可危的時候，誰還有時間搞花招啦！

談到替客戶或顧客評分，有些適用於所有產業的基本條件。不管他們願不願意，客戶是否準時付款？他們有沒有介紹別人給你，還是只把你佔為己有？如果你犯了一個可怕（或蠢得可怕）的錯誤，他們會不會告訴你、讓你修正，並且把這件事放下？還是說他們一逮到機會就找你算舊帳？這是即將實現的超棒合作案，還是會把你掏空、耗盡資源的苦差事？他們會告訴你他們需要什麼、想要什麼，還是期待你會讀心術？他們是尊重你的專業，還是常常搗亂或質疑你的能力？他們會不會一直回頭跟你合作，還是像曇花一現那樣沒有第二次？

你也有自己設定的條件，也就是你在荒島落難夥伴（頂級客戶）身上尋找的那些條件。或許你正在尋找那些喜歡你提供的獨家服務或產品的客戶。你知道自己最會賺錢的領域——要是**所有**客戶都來購買這項產品或使用這項服務，那不是再好不過嗎？

你可以製作自己的評估表，或是下載我為讀者製作的：https://s3.amazonaws.com/PumpkinPlan/PumpkinPlanClientAssessment.xls。我把所有基本條件放進去，還留了一些空間讓你加入自己的條件。你可以這樣填寫：

1. **按照營收將客戶由高至低排列。**
2. **現在，在那些你一聽到名字就皺眉的客戶上面畫一條線。**
3. **根據以下每個條件製作一個欄位：**

快速付款：他們是否準時或提早付款？

重複收入：他們是否經常使用你的服務或購買你的產品？

潛在收入：他們是否能在未來替你帶進龐大收入？

溝通：你們是否溝通順暢無礙？

修正：你犯錯時，他們會不會告訴你，給你修正的機會然後原諒你？

4. **在每個欄位替客戶評分**。A：完美；B：近乎完美，但偶爾會有狀況；C：一般；D：差，很少達到預期；E：爛到不行。一定要誠實，不要給出超過他們應得的分數。欸，這是你的生計，也是你的夢想，不要擔心會傷感情。如果有必要，你可以把這份評估表鎖在保險箱裡，但一定要**誠實**。

5. **現在替以下沒那麼重要的條件加上新的欄位**：

機會：跟他們合作能讓你有原本得不到的機會嗎？像是介紹重要合作夥伴？

推薦：他們會不會，或者是想不想把別人介紹給你？

歷史：你們是否長期合作，而你有信心知道他們在不同狀況下會有哪些行為？

6. **想到其他條件，就加入空白欄位**。

7. **在每個比較沒那麼重要的欄位中寫上「是」或「否」**。判別頂級客戶時，將此作為依據。比方說，如果有兩位客戶在重要評分表上都得到B，那就看看這兩位客戶在非關鍵欄位中，誰的「是」比「否」多。

8. **替你的不變法則加入三個空白欄位**（稍後會詳述）。

如果買你產品的客戶達數百人，就從客戶名單的前五％、一〇％，或二〇％開始（取決於他們帶給你的營收）。請記住，顧客就真的是客戶。如果你講不出讓你賺最多的是誰，就記下你最常見面的人的名字。如果你不知道名字（拜託，你一**定**要認識他們），寫下他們的特徵：粉色頭髮的女士、刺青男、音調高亢的那個人，然後下定決心找到機會就馬上自我介紹。

創業家評估客戶時常犯一個錯，就是因為偏好而不自覺調整了關鍵問題的答案。不管原因為何，你可能會想要留下其實該離開的客戶，結果忽略負面因素、放大正面因素。也許那是你第一個客戶、你的親戚，或是你喜歡的公司。由於你內心想繼續與他們合作，所以尋找證據來證明他們是頂級客戶、值得你付出時間與精神。解方是請第三者瀏覽評估表，這個人應該要了解你的業務與客戶，但對你業務的觀點與你**不同**，也**不像你**有先入為主的想法。他能讓你務實行事。

現在你應該清楚知道哪些客戶很棒，而哪些爛得可以。你知道讓人皺眉的客戶必須離開，也知道有哪些看似不錯的客戶其實不合格。驚訝嗎？緊張嗎？放輕鬆，我知道你還沒準備好跟他們分手。你感覺自己進行的不錯，想看看能不能把問題解決。我懂，反正我們會到下一章再開始趕人，所以先鬆口氣完成表格吧。

你在生意上的「不變法則」

我在《衛生紙計畫》中提過不變法則，是你遵循的牢不可破的規則，作為你事業的骨幹。如果核心骨幹沒有呈一直線，身體動作就會不協調；道理相同，假如你經營事業的方式沒有符合不變法則，事業就無法完善健全。

有些人會把不變法則稱為核心價值觀，但我覺得聽起來太「特別」、太有彈性了。請不要誤會我的意思，價值觀固然重要。但我們想到價值觀時，會把價值觀放在特定群體的脈絡中來理解，比方說美國人、天主教徒或洋基球迷（最後一個可能有點勉強……洋基球迷哪有什麼價值觀？開玩笑的啦）。不變法則是與你有關，而且只跟你相關的。

你就是靠這項法則維生。我們的價值觀會隨著時間推移改變，但我們不會隨便更動不變法則。它們是永恆不變的，是你作為一個人的本質。你的事業**必須**遵守這些法則。

我有好幾條不變法則，但大家記得最清楚的似乎是「為了付出而付出」（付出的動機就是為了付出本身，而工作是為了享受工作的樂趣），還有「不包容混蛋」（人生苦短，不要浪費時間應付傲慢無禮、只在乎自己的傢伙），我不計代價遵守這些法則。我不跟那些為了得到而付出的人來往，也不跟混蛋做生意。

我最近跟一個混蛋起了衝突。確切來說，是個小混蛋。我聽到她把員工當成垃圾來對待，觸動了我的不變法則那蛛網般的敏銳感知。雖然她給我一個很大、進行中的計畫，但她的存在卻象徵讓我更頭痛的另個問題。我迅速結束與她的合作，把她從我的南瓜田裡剷除。斷絕關係時她也表現得像個混蛋，我不意外。這個故事的寓意在於：跟習慣一樣，不變法則是永遠不會變的，而糟糕的法則也一樣。會付出的人永遠都在付出，積極正向的人永遠積極正向。混蛋呢？永遠都是混蛋。

我的第三條不變法則是「血汗錢」。金錢是我事業的命脈，所以我會先把自己的利潤拿走，不會花一點錢在不必要的事物上。寫這篇文章時，我坐在一間幾乎沒有任何傢俱的辦公室裡。白板是手工做的，辦公桌也不是成套的，會議室看似從一九七九年後就沒有翻新過。但這一切對我來說沒什麼。而且我**完全**覺得這沒什麼，因為這就是我。我覺得無所謂，是因為血汗錢就是我的其中一條不變法則。我不會去隱瞞，也不會假裝有一間華麗時髦的辦公室。我自豪是節儉的創業家，所以不會去買昂貴的傢俱。那樣感覺不對，違背了我身為創業者的本質。但我不小氣，我是節儉。我不開破車，而是經過認證的二手車（二〇〇〇年後才買的），我的東西都是這樣。

「為付出而付出」、「不包容混蛋」跟「血汗錢」影響我做的每個決定：我買的傢俱、聘請的員工、合作的廠商。別人可能會覺得很怪的事情，成了我公司的本質。我如果在業務的各個面向堅守這些不變法則，一切都會順利輕鬆。合作廠商知道如何跟我們相處，我懂我的員工，他們也了解我，客戶也愛我的風格。我們都能在無人島上好好活下去、用矛來叉魚，撿東西來演奏音樂……任何落難者閒暇時的事情都難不到我們。被我評為低分的客戶，即那些想要我打破不變法則的客戶，只會一直抱怨自己在海中迷失方向；而我的海豹部隊湯姆（對，我幫他取了名字）則打著小鼓，用鳳梨幫我做了一把電吉他，還調了幾杯超讚的**雞尾酒**——派對時間到囉！

這些不變法則是我的，你或許有不同的。如果沒有，你應該盡快找到屬於自己的。要怎麼知道自己的不變法則？最簡單的方法是傾聽自己的情緒，因為情緒就是你不變法則的執行者。如果你做了某件事，結果因為後悔而狠狠踹自己一腳，在自己屁股上踹出一塊大瘀青時，你就知道自己違反了某條不變法則。你可以到https://mikemichalowicz.com/what-are-your-immutable-laws/看看其他創業者的不變法則，並且上傳自己的不變法則。

頂級客戶的不變法則會跟你一樣

多數創業者認為，可以帶來最多營收的就是最好的客戶。問題是，光看營收就沒有考慮付出的成本。財務成本固然重要，但情緒成本也不可忽略。在某些情況下，跟某些人做生意時需要付出的物質成本也需要納入考量。考量成本的最佳辦法，就是弄清楚某人是否跟你有一樣的不變法則。

比方說，如果我試圖跟某家講求「氣派得體」的公司做生意，這可能會跟我的「血汗錢」不變法則背道而馳。當然啦，我或許會很愛去他們氣派華麗的辦公室閒晃，用他們的超大型平板電視玩電動，但在專業合作方面我們不會合得來。我本來就傾向提供「工業風格」的解決方案：持久、強大、節省成本。但是，他們想要的可能是華麗昂貴的東西，因為他們想要看起來「氣派得體」。這不代表他們是壞人或做錯了什麼，這只說明我們合不來。

假如我打破自己的規則，我就必須在與他們合作時裝成另一個樣子，但這不可能。我們總有一天會陷入僵局，或是我會在無意間把事情搞砸，因為我們就是不適合。我會誤解他們的指示，或是在跟他們工作時感到挫敗，連帶影響到工作和彼此的關係。這是無可避免的。就像你剛開始跟某人約會，假裝跟她一樣喜歡讀同一本書。她不只會發現你說謊，還會把你的行徑告訴姊妹淘，讓你臭名遠播。這可不是你想要的啊。

你是否理解自己的不變法則是如何轉化成期望的呢？如果你的不變法則跟客戶的不變法則不一致，期望就不會被滿足。他們的期望跟你的期望都會落空。這時候，狀況會變得相當混亂，成本也會加倍增長。所有人都感到沮喪，然後是憤怒，最後變成一種毫無快樂的折磨，讓你到深夜節目播完了都還睡不著。

這很簡單：當你的決定跟不變法則不一致時，你就會賠錢，而且賠很多。如果你不知道自己的不變法則是什麼，我敢跟你保證，你現在就在賠錢。就在這一秒。等一下……你剛剛又損失了一點錢。又多了一點……你看……你看……又賠了一塊錢了。

確認客戶的資格時，不變法則是相當重要的工具。現在你釐清自己的不變法則，就應該在評估表中加上至少三條。然後，在客戶的行為中找出模式，看看他們是否遵循同樣的法則形式。要看出我的客戶是否遵守「不包容混蛋」的法則很簡單，因為要是他們沒有，就會幹一些混蛋的行徑。超簡單。

客戶跟你行為一致的時候，不管你做什麼他們都會很開心。但他們不一定要跟你一模一樣。我的意思是說，你有辦法想像跟自己結婚嗎？有點無聊。有辦法跟自己一模一樣的人做愛嗎？這也太怪了吧。針對客戶，你們只要相像到能夠猜出對方想說什麼，並幫他把話說完就可以了。頂級客戶就是在不變法則方面跟你有最多重疊的人。你知道他們接下來會替你做什麼嗎？就是把你介紹給跟他們一樣的人。如果你周圍都是懂你的人，他們就會帶來**更多**懂你的人，過不了多久，那些粗魯的爛客戶就不會再找上門。

跟你的不變法則衝突最大的人應該最先切割掉。這些有問題的南瓜會拖累你業務成長的速度，因為你必須調整自己本來的行事作風來防止他們去找別人。如果你違背真實的自我，成為你**認為**大家想要的做作樣子，就會變成一個發育不良、精疲力竭、身無分文、生活一團糟的傢伙。我想你應該已經知道我在說什麼了。

重點是你希望大家都喜歡你。我懂。想討人喜歡是人之常情。但你真正想要的，是讓**像你**的人來喜歡你。這才是你該努力爭取的。畢竟，正如已故、偉大的喬治・卡林（George Carlin）所言：「車開比你慢的人全都是白癡，而開比你快的都是瘋子。」所以說，只要聚焦在速度跟你一樣的人身上就好，努力跟他們建立關係。

對許多創業家來說，最後階段代表能自由表達。你對自己說：「有一天，等我賺到那些錢，我就能做想做的事了。」你可以不用再接混蛋的案子，可以開始按照**自己的方式**來工作。你有本錢選擇案子跟合作夥伴。你要求別人尊重你。如果有人不配合，你會轉頭就走。

但老實說，如果你不遵循自己的不變法則，那一天永遠不會到來。

你的不變法則就是堅實穩固的根部，每次都能長出巨無霸南瓜。要勇敢做自己，要讓你的事業成為真實自我的延伸，然後看著業務飛速成長。

超多客戶，超多對的客戶

冒著會把你搞糊塗的風險，我想告訴你，擁有大量客戶是一件很棒、很美好的事。「更好才是比較好」不代表要限制客戶數量，也不代表你不該爭取更多客戶。「更好比較好」是要有所選擇——選擇跟頂級客戶合作，然後出去找更多像他們一樣的客戶。我想你可以理解成：「更多的更好才是比較好。」

這是好消息，因為你明天、下週、下下週都會針對荒島問題給出不同答案。有一天，你會說：「我超愛瑪姬，我選瑪姬。她總是幫我介紹客戶，還會給我布朗尼蛋糕。或許她能在島上做點好吃的。或許不是布朗尼，但沒差啦。對，我要瑪姬。」

來到下週，你想選貝瑞。「他人超好，我們一起做了一大堆工作，而且他有那種書呆子、電腦高手的特質，所以，或許吧，我也不確定，他有可能做出個火箭還是割草機之類的東西。不過荒島上誰要割草機？但他還是很好用，所以我要選貝瑞。」

隔天，海豹小隊成員湯姆過來打聲招呼（沒錯，你可以選湯姆……你知道自己想選他），你心想：「湯姆是最棒人選！我一**定**要選他。我怎麼可能不選他？他用鳳梨幫米卡洛維茲做了一把吉他欸！超級多才多藝！」

如果你努力想把客戶刪減到只剩一個，那不如留三個或五個。在島上開個派對吧！你跟客戶的關係有點像婚姻。你就算在健康的婚姻關係中，也不會覺得伴侶每天都完美無瑕，而你依然愛對方。經商的美妙之處在於，你可以實現自己的幻想，跟不同對象結婚，而且聯邦調查局的人還不會找你麻煩。

你可能需要大量客戶，或許你賣的是平價商品，需要大量客戶來累積利潤。也可能大多數人一輩子只會用到一次你的產品或服務。也許你沒有客戶，但拜科技之賜，你有一大堆從沒見過的顧客。有什麼適用於你的特殊規則嗎？沒有，並沒有。你若想停止這種瘋狂（還有討人厭的絕望感），還是得搞清楚誰是頂級客戶，然後**專門**服務他們。

所以，當你需要（或擁有……真是恭喜）成千上萬或甚至更多客戶時，該如何實踐這點？很簡單。專注在客戶的類型，而不是客戶本身，然後像評估特定客戶一樣評估所有類型的客戶。就算你一開始只有兩群客戶，而你在評估瓜藤後砍掉其中一群，那麼，剩下的那群可靠客戶最後還是能生出巨大的南瓜之母。

大衛・豪瑟（David Hauser）就有這樣一群。他創辦的蚱蜢公司（Grasshopper）專門提供虛擬電話系統服務，就算不是**最**頂尖的，少說也是全美數一數二的供應商。這套系統讓創業者就算沒有總機**或是**內線電話系統也能照常營運。我打電話想問問他的想法，問他如何挑選頂級客戶。他表示自己跟共同創辦人夏馬克・塔哈多斯（Siamak Taghaddos）剛成立公司時，一開始想盡量不放過任何客戶、同時向小企業與創業者行銷。

他解釋：「這個區別很細微，但這比較像是自我歸類，而較無關於事業種類。」蚱蜢的表現不錯，但他們想要**更好**，所以他們仔細研究自己的客群。他們發現，比起自認為是小型企業主的人，自認為是創業者的人當他們客戶的時間比較久，而且提供創業者技術支援的成本比較低，因為這些人似乎比較懂科技。

「我們試著向創業者宣傳，這對我們來說很有意義，因為他們是我們最了解的人。」大衛解釋他們如何縮小客群。大衛和團隊都是連續創業者，所以向其他創業者行銷並不難，他們基本上就是在對自己行銷。

等一等，你明白了嗎？他們基本上是在**對自己**行銷。跟與你相同（或超級相似）的客戶合作時，行銷就是輕鬆簡單的小事。「我們後來做了比對測試，發現針對創業者的宣傳訊息（比起針對小企業主的宣傳訊息）轉換率比較高。只要更常談到創業故事，轉換率就會更好。」

蚱蜢公司最後爭取到更多他們真心想要的客戶（有好幾個據點、快速擴張的企業），像是傳統家庭乾洗那種事業比較少，畢竟這種小型企業需要比較多支援跟指導。諷刺的是（或許也不太諷刺），他們還是保有許多把自己歸類成小企業的客戶，因為這些人希望更像創業者，也想跟一間散發創業氣息的公司有連結。大衛表示：「對他們來說，成為創業家的想法本身，比當小企業主更激勵人心。」

我問大衛這樣子的焦點轉移跟行銷訊息，還會以哪些方式協助企業成長。「我們替客戶做的事，還有我們在服務上增加的功能與特色，都是針對一個更明確的群體來做調整。我們能提供更多、更棒他們想要的服務，不會浪費時間處理他們不在乎的事。」

大衛接著跟我介紹語音轉文字的服務。這個例子完美說明了：當你決定擴大規模或推出新服務，只專注在服務頂級客戶與族群的話，你就能大有斬獲。「我們想幫語音留言加上語音轉文字的轉錄稿。市場上其他人都認為，轉錄必須半點錯也沒有，但創業家根本不在乎這個。他們要的不是完美，而只要傳達重點就好。」他們專門服務創業家，所以能使用百分之百的自動化轉錄，並以少許成本提供語音轉文字的轉錄稿。他們的頂級顧客**愛**到不行！其他人就還好。

雖然他們不得不放棄一些老顧客，但蚱蜢公司從二〇〇三成立以來已為超過十萬多名創業者服務。不差啊，成績超好的。

不是在比誰最有人氣

你很可能還對我有所保留。你或許還在想：「好啦，我會趕走幾個真的很差勁的客戶，但我不能就這樣擺脫在評分表上分數不高的客戶。」

呃，你其實可以，而且必須這麼做。

或許不是今天或明天，但時間不多了。每次清理門戶，你就有更多空間能給比較好的新客戶。

有時候為了前進兩步，你必須先後退一步。我最近到拉斯維加斯替美國公共關係協會演講（Public Relations Society of America），講座結束後有個名叫艾比（Abbie）的女士向我自我介紹，開始分享她遭遇的挫折。就像布魯斯、艾瑞克、我跟你（對，我就在說你）一樣，艾比自覺被困住了，心力交瘁又疲憊不堪。她說：「我必須推掉一個每月貢獻一萬五千美元的客戶，因為另一群每月貢獻兩千美元的客戶讓我忙到快累死。」我不發一語，就盯著她看。她似乎很困惑，說：「你什麼意思？」我繼續盯著她，她還是一臉疑惑（搞不好還有點不爽）地說：「我沒辦法服務那個一萬五千美元的客戶。」我還是什麼話也沒說，只是盯著她。然後我從眼神看出她似乎有所領悟，她說：「好，我知道了。」然後離開了。

我清楚告訴你，我們不需要經歷這種四目相交的尷尬時刻。你不用把沒列進清單頂端的**每一位**客戶都趕走，只要跟那些在最底端、讓你毫無餘力接下一萬五千美元客戶（或同等價值）的人切割就好。位於中段的客戶如果分數不差、表現還不錯，可以繼續留下來。他們只是現在不能獲得你全心服務而已。你在執行計畫的過程中，或許會很訝異，發現其中有些人竟然對你公司的改變有所回應。他們排名慢慢往上爬，穩住身為頂級客戶的位置。

做生意不是在比誰人氣比較旺。不要執著擁有**最多**客戶。建立一家迎合**頂級**客戶的企業……服務那些最**適合你**的客戶。不必成為舞會皇后，你要的是堅定、了不起的朋友構成的核心群體，他們願意為你做任何事，而你也願意。要堅持做自己、永不妥協。當所有事情都跟你的基本條件和不變法則一致時（包含客戶名單），志同道合的、**了不起**的新客戶就會蜂擁而來。他們會聽說你的事，在報章雜誌上讀到你，也會在與你偶遇時說：「噢，我愛他，也愛她！我知道他，我也知道她！」

更多並沒有比較好，**更好**才比較好。

執行計畫——在30分鐘內行動

1. 表明你的不變法則

要是還沒找到並宣布自己的不變法則，現在就去做。你的主張是什麼？你的底線在哪裡？如果要建立關係，對方必須有哪些條件或特徵？將你的想法精煉成三到四項不變法則，寫下來並到處公告（包含你的網站），讓所有人都知道。想得到更多靈感就看這：https://mikemichalowicz.com/what-are-your-immutable-laws/。

2. 完成評估表

我知道你在讀這章時還沒實際填好評估表，現在就完成吧。你可以自己畫表格，或是到https://s3.amazonaws.com/PumpkinPlan/PumpkinPlanClientAssessment.xls下載評估表，直接把答案填上去。根據你擁有的客戶人數，這可能需要超過三十分鐘。但不管怎麼樣，現在就去做吧，成功就靠它了。南瓜計畫不只是個理論，它真的有效。所以趕快去填寫評估表，然後我們就能開始談正經事了。

☑實踐計畫——在「金融業」種出大南瓜

你是自由接案的理財規劃師，出道是為了打一場漂亮的仗、好好表現，提供關於退休、保險和其他迷人事物的資訊給客戶。你拿出計算機，削尖二號鉛筆，戴上三焦點鏡片的眼鏡，我們要用南瓜計畫來改變你的事業了。

你有個小辦公室，人員只有你跟行政助理伊蓮（Elaine），地點在城外一處中等規模辦公園區，共有四間房間（外加半個浴室）。你有漂亮的候客室以及會議間，但很少使用。你有少數幾個客戶，但你正努力維持收支平衡。景氣不太好，許多只能勉強餬口，其中大部分**連想都不會想到**做理財規劃，而想過理財的人會直接去找你最大的競爭對手（辦公室更大、標誌更顯眼、廣告更強）。

所以你拿出評估表，開始打電話給表格上的頂級客戶。你問：「方不方便跟您碰個面，了解一下如何才能提供您更好的服務？這不是促銷電話，我只是想知道您對敝公司有什麼想法。」幾乎所有人都同意碰面，你於是跟頂級客戶安排了一連串會談，在他們的住處、辦公室，或者是星巴克，他們約哪裡你都去。你這麼做，是因為你向來如此。你是理財規劃領域的偏鄉醫生，會到府提供服務。這也不算特例，像保險業務長久來都是如此。但你還出現在客戶孩子的棒球賽、酒店房間（不要問），還有當地酒吧。

事實證明，這就是客戶最愛你的地方，因為你願意到他們熟悉的場所去會面，隨時隨地都能配合。你很有彈性又很隨和，不會那麼令人卻步。這也是你喜歡這份工作的原因。你喜歡在客戶自己的環境中談生意，在他們的廚房、健身房，或他們工作場所的休息室裡認識他們。你想認識他們的積極性，他們也很喜歡。你不只能隨口說出他們小孩的名字跟生日，還知道他們新買的富豪汽車還剩多少貸款，以及他們花多少錢幫母親請看護。你隨傳隨到、服務貼心；你就是靠這種方式來真正了解他們以及他們的需要。

訪談過程中，你發現至少有半數的頂級客戶希望你能提供更多關於債務處理的建議，以及教他們如何度過人生低潮。有些人抱怨理財規劃師永遠在談未來，但他們其實連下個月的貸款都不知道怎麼付。未來太抽象，他們不想去想自己為何在這兩方面都失敗：現在和未來。

所以你有了一個想法：要是能把你最好的東西，結合他們最想要的東西，讓你順利從競爭中脫穎而出呢？這個瘋狂的點子要是非常適合你呢？你會不會成為財務危機的救援者？有點像超級英雄，但你不會用意念去讓鋼鐵彎曲或讓東西著火。你會出現在他們家門口，提供宇宙無敵厲害的戰略計畫，使他們從不得不求助的危機中脫身。你讓他們重獲新生，換句話說，就是財務自由。

你調整了想法，並與伊蓮和頂級客戶討論，決定放手一搏。你買了一輛麵包車，在上面畫了新標誌；也把辦公室退租（伊蓮可以在家工作，她正希望如此）。現在，所以在租金、水電費、保險和停車費上省下每個月幾千美元。

你開始替當地報紙、電子報跟網站撰寫文章與專欄，專門協助擺脫債務、處理破產以及應對其他債務。每隔兩個月，你會在教會（或市政廳、圖書館）舉辦財務急救日，在那邊提供一整天的免費諮詢服務。你刊了一些廣告，廣告沒什麼特別的，就是你那輛小麵包車的照片，跟一句標語：「今天幫你穩定財務，明天讓你財務自由！」

之前，大家只會稱呼你為「理財規劃師」，跟所有競爭對手的稱號一樣。現在，大家都說你是「財務急救師」。你電話響個不停，你非常擅長幫大家省錢，所以你只需要從你「急救」服務的存款中收取一定比例的費用。換言之，客戶從認識你的那天起就開始存錢，而你就從存下的錢裡分一杯羹。他們不用從口袋裡掏錢出來給你。這是雙贏的局面。

客戶超級滿意你的服務。首先，不管他們在哪裡、什麼時候想找你，你都會去他們身邊；再來，你那些很棒的點子真的有效。現在，你不用緊巴著那些可能在幾年內只跟你做過一兩次來往的客戶。你現在有一大群客戶，他們用過一次你的急救服務，發現而你的理財建議讓他們終生受用。

你花時間解析自己的業務流程，並寫出只有一頁的小指南。你聘請其他很有幹勁跟熱情的理財規劃師，派他們開著自己的車到各地搶救更多客戶。不知不覺間，你就做起加盟生意了。

誰曉得只「做自己」就能得到這麼了不起的回饋？現在你賺了這麼多，也不用戴三焦段眼鏡了（感謝雷射手術）。但那支二號鉛筆呢？當然是留在身邊。不論是什麼都不能奪走這個老朋友，一大堆現金也不行。

第五章

摘除爛南瓜，絕不心軟

我懂，拒絕客戶絕對沒有想像中的簡單，
所以你會需要接下來介紹的觀念，與實用方法。

目前為止，我可能強迫你面對了一些殘酷的現實。或許你有點緊張。但請振作！現在就是執行計畫的時機！

從現在起，我們要從查克和其他巨無霸南瓜農那邊汲取靈感。他們遵循淘汰／栽培的程序，培育出一顆又一顆的獲獎南瓜。我按照這套系統，幫自己建立起市值數百萬美元的公司。就算你其他步驟都不做，光是這個程序就能幫你建立自己的事業、找回美好生活（當然，如果你想實現夢想、讓事業無比成功，就必須遵循**整套**南瓜計畫。但這真的是一個很好、**很好**的起點）。

先淘汰，後栽培

先把比較沒前途的南瓜從瓜藤上摘除，這是查克跟其他巨無霸南瓜農參考的標準作業程序。不能心軟，不能心想「哎呀，它有一天可能會長大」，或者「天啊，這顆南瓜真美，能讓我的花園看起來更厲害」。他們也不會說「誰管那顆南瓜啊？反正都要爛了，放在那邊又不會怎樣」，頂尖南瓜農就是會砍掉爛南瓜，毫不遲疑。

瓜農知道該將哪些南瓜從瓜藤上移除，參考的標準有：哪些南瓜長得快、哪些南瓜有損傷或得了枯萎病，以及哪顆南瓜的根部系統最強健。如果你在前一章做好了評估表，就應該已經知道哪些瓜藤（客戶）最強壯、哪些最弱。現在就是果斷揮刀的時刻。

你可能會禁不起誘惑直接跳到培育南瓜的步驟，心想：「光是失去一個客戶我就承受不了，所以我只會專注發展自己跟頂級客戶的關係。另外，我還看過《玉米田的小孩》（*Children of the Corn*），這部恐怖片裡的農民都超瘋。他們**任何東西**都殺。不是我，兇手不是我！」

嗶嗶嗶（競賽節目的惱人鈴聲不斷作響）！要是你把這些腐爛的南瓜留在瓜頭上，你就無法完成必要工作——即跟頂級客戶發展良好關係，因為你分身乏術。就算你不像創業者從早忙到晚，也不可能把自己奉獻給每一位客戶。這本來就不可能。要深入培養一段關係需要時間跟精力，除了把次等南瓜砍掉別無他法。

去年，我的朋友兼同事莎拉．蕭（Sarah Shaw，我把她當成自己的姐妹。我們就是這麼親密，就是有這麼多共同的不變法則）說，她哥約翰．蕭（John Shaw）在淡季讀了《衛生紙計畫》（嚇死我，我馬上就對這傢伙有好感），並開始實施一些關鍵策略，然後大獲成功。我問：「淡季？他是做什麼的？」

「他是安裝太陽能板的，去年營收翻了一倍。」莎拉說。翻了一倍？我必須打電話跟這個人聊聊。

所以我打電話給科羅拉多州蕭氏太陽能公司（Shaw Solar）的約翰，想了解所有關於他事業的一切。

蕭氏太陽能公司目前是太陽能板的頂級供應商，專門服務家庭和小型商業建築，例如餐廳和健身房。在任何產業或地區成為首屈一指的公司當然令人佩服，但約翰的成就是一大壯舉。「我住的郡約有四萬五千人，鎮上大概有一萬八千個居民。市場很小，而我們這裡有三十家太陽能供應商。翻開電話簿，有整整五頁都是太陽能供應商的名單。在這三十家當中，有四家是靠安裝太陽能板維生，其中兩家生意做得很不錯。」

對我來說，這聽起來像是田裡有兩顆大南瓜，其他小南瓜都不值得一提。

太陽能是個發展中的產業，而約翰在一個完全飽和（有人可能覺得是枯竭）的市場中，公司業績高於全國平均。這麼說，約翰到底如何栽培出自己的巨無霸南瓜（太陽能）呢？答案很簡單，他砍掉不理想的客戶，然後想出各種巧妙的辦法來服務達標的客戶。

約翰解釋道：「我發現自己在某些領域花太多心思了。我記得你說過，你可以擅長某件事，幸運的話或許是兩件，那你應該在這件事上多花心思，把其他工作發包給別人。真正命中關鍵的第二點是，不要害怕拒絕你不擅長或不適合的事情，因為在你說不的那一刻，你就成為搶手貨了。」確實。如果你先有穩定交往對象，那麼安排約會會比單身時容易，不是嗎？兩者有點類似。

約翰準備了好一段時間等著要推動變革。他已經蓄勢待發。「我沒有辦法再多工作一分鐘了。我早上四點半離開家，晚上七點後才回家。妻女都快要變陌生人了。我精疲力盡。我想知道到底要如何減少工作量，同時又能繼續讓業務成長。讀了你的書之後我充滿信心，讓我做出內心一直害怕去做的決定。」（此刻我已徹底愛上約翰。）

以下就是我從安裝太陽能設備中學到的事。根據約翰的說法，安裝太陽能板的流程相當簡單。他不需要花很多時間在現場監工，而且很快就裝完。相反，安裝太陽能熱水器就複雜許多，因為有一大堆活動零件，比起太陽能電板需要的零件還要貴。約翰表示：「多數人都會裝錯搞砸。我們不會，但我基本上也必須時時刻刻在現場監督。所以說，以貨品與時間成本來看，太陽能熱水器成本更高。」

約翰知道安裝太陽能熱水系統佔了他五〇%的時間，但只帶來營收的一〇%，他也知道安裝太陽能電板每小時的收入至少是兩倍，但他就是放不下太陽能熱水器。他把蕭氏太陽能公司包裝成提供全方位服務的太陽能供應商，所以擔心如果拒絕承接太陽能熱水器的業務，消息會傳出去，他會因此失去太陽能板的案子，而那些號稱兩種工作都接的承包商會把工作搶走。「後來我想，之所以定位成『全方位承包商』，是因為我自己在宣傳廣告裡這麼寫。為什麼非得這麼做？我決定除了那些最好、最高規格的太陽能熱水器工作，其他案子都拒絕。」約翰把「說不」的教訓謹記在心，幾乎在一夜之間成了最炙手可熱的公司。

關鍵差異在於約翰透過限縮自己的**服務**，來「刪減」太陽能熱水器客戶。這並不表示他想把目前的客戶趕走，他的客戶通常是一次性的，短期內不太可能再需要服務。

約翰淘汰掉幾乎所有太陽能熱水器的客戶之後，有趣的事情發生了。他不僅有更多時間專注於利潤更高、較單純輕鬆的太陽能電力服務，這部分業績還變成三**倍**。

什麼？怎麼會這樣？

正如約翰所提，我在第一本書中談到，說「不」就可能讓你成為熱門商品。當潛在客戶打電話給約翰，要求安裝太陽能熱水器時，約翰說不。這時至少有一半的潛在客戶會問：「是哦？那你有什麼？」他們只想要太陽能，**任何**跟太陽能有關的都好。

「我拒絕客戶之前，會替客戶的住宅安裝太陽能熱水系統，這樣能賺十萬美元。但這種工作需要大量勞動，還需要我在場監督，所以利潤非常低。現在，我跟客戶談個二十分鐘，然後我會說不，接著他們就會請我安裝太陽能電力系統，價格是四萬美元。我不像電台賣藥的人誇大效果，甚至也不是在追加銷售，真的不是。這是兩種完全不同的商品。你想要汽車，還是機車？太陽能熱水跟太陽能電力都能產生能量，兩者都有價值，卻是截然不同的東西。」

現在，約翰不需要時時刻刻都在現場監工。他花更多時間在家裡陪家人。而他在家時，也真的比較用心跟家人相處。他現在有更多時間、精力來發展業務，並花必要的時間來建立流程，讓每次太陽能電板的安裝工作完美進行。他不需要再疲於奔命、被動應對，每天在屋頂上或機械室裡搞得全身髒兮兮，瘋狂試著搞定所有工作（還記得滾輪上的倉鼠嗎？沒錯，就是他）。

短短一年，蕭氏太陽能公司的營收翻倍成長，而這一年約翰和團隊還放了**三個月**的假，這是他們在前一年沒有的。雖然業務季節變少，營收卻從八十萬美元增加到一百六十萬美元。多放了三個月的假，營收還加倍！工作狂，多學著點！

用淘汰來換得這種成果真的很值得。

解決業務問題或應對任何機會時，你必須先問「是誰？」而不是「怎麼做？」。要是你一開始就問「怎麼處理？」，負擔就變成你的了。你必須花更多時間來釐清狀況，會更不知所措，而且最後依然沒有處理好核心問題。只要換個問法，你就會得到自己需要的答案。光是把問題的開頭從「怎麼做」換成「是誰」，你的工作就會轉為建立一套能協助這個「誰」的系統，並讓這套流程能自動重複。「是誰？」這個問題，能讓你專注服務頂級客戶。

讓約翰擺脫倉鼠滾輪束縛的解方，就是「是誰」的問題。當他不再去思考如何減少工作並同時發展業務，而是專注在自己要替誰服務（想要太陽能電板的人），拒絕那些他不想服務的人（想要太陽能熱水器的人）就不再困難，而且一切都能迅速搞定。「減少工作」和「發展業務」自然能並肩同行，最後，他得到的甚至比預期的還多。

我跟約翰聊天時，他表示：「我不是真的被金錢驅使。公司改變方向之前，財務表現就已經不錯了，但現在我才**真正**擁有發展業務的資源。」看到沒？他正在思考下一顆種子了。

淘汰客戶的四種方法

現在該把雜草除一除，淘汰有問題的南瓜跟其他干擾因素，這樣現有頂級客戶以及類似的新客戶才有空間開花結果。如果這步驟真的讓你心驚膽顫，請先回到評估表，找到客戶裡最讓你頭痛的傢伙，以及淘汰時財務影響最小的客戶。先淘汰這些人。當惱人的客戶不再打電話煩你，你就會發現生活原來如此輕鬆。最讓人皺眉頭的客戶走了之後，你會發現自己有更多時間來觀照其他客戶。

如果你還是很緊張，請記得，如果你淘汰掉第一個客戶之後世界就毀滅（並不會），你永遠都可以回去找那個混蛋。他們只會對你說一句老話：「早就跟你說過了吧！」然後接受你，像以前一樣把你當成垃圾。你要知道，如果我是錯的（我不會錯），你還是能輕易找回有問題的客戶（你不該這麼做）……前提是你真的很想（你不會的）。

創業者常常會顛倒南瓜計畫的這個部分，但這是錯的。他們覺得先淘汰客戶風險太大，因為害怕更好的客戶永遠不會出現。所以他們反過來，**先**努力爭取更好的客戶，再試著把爛客戶剷除。

顛倒順序行不通，因為你需要跟頂級客戶培養感情，並且吸引更好的新客戶。你趕了再多場面談、喝再多提神飲料，你就是沒有時間。南瓜計畫不是那種「等你建立好了，客戶就會來」的方案。這個計畫是「建立好之後，鋪一條路通往客戶的大門，讓他們搭乘豪華巴士（同時用最頂級的瓷器來裝早餐請他們吃），直接把他們載到你門口」，你需要用一切額外時間與情緒能量來完成。

我能理解你的緊張，所以就用自己舒服的步調來安排進度吧。要一次把田裡的雜草除掉是浩大工程。而且，因為你沒辦法精準評估新加入的客戶，所以會碰到討人厭的爛事：不管你喜不喜歡，雜草春風吹又生。所以，你不能將淘汰當成一時興起的行為，而是深思熟慮後的舉動。

那麼，到底要如何淘汰客戶？這裡有四種方法，你不需要直接告訴他們……也不用真的把他們宰了。

1. 刪減服務

這是約翰的策略，你也看到這招的巨大效用。如果你真的想擺脫特定客戶或某群客戶，因為他們煩得你讓受不了，那麼，光是表明你不再提供這項服務、或期待他們不會要求你做其他服務，可能效果不大。你大概要換個方式。比方說，你或許要刪減某種服務，或者取消服務特定類型的公司（跟爛客戶同類型……真巧啊）。要做到這一點，請使用產業的專業話術，跟客戶解釋說：「我們已經將資源轉移到你們以外的產業了，所以無法繼續協助你。」

2. 優先服務頂尖客戶

直接把頂級客戶擺第一就好。頂級客戶打電話來就先服務他們，把那些討人厭的客戶推到清單最後面。跟讓你頭痛的客戶通電話時，頂級客戶如果剛好打電話來，你可以禮貌地把手上的電話掛斷，轉而去服務頂級客戶，這樣討厭鬼就會知道你的意思了。當然啦，這麼做是有點賤，但終究能成功淘汰爛客戶。

3. **提高價格**

如果你真的想讓爛客戶逃之夭夭，就提高價格吧。我說的不只是提高一〇%或二〇%，而是高到讓爛客戶望之卻步。在極少數情況下，有些客戶會接受你的報價，為了繼續跟你合作而支付鉅款。他們可能為了繼續跟你合作，態度變得比較好一些。這是因為金錢就像是用來評估受尊敬程度的分數，如果你抬高價格，你在別人心中的價值也會隨之提升，突然間你就不是他們出氣的對象了。因為給了你真正的金錢，他們就有動力讓你成功，他們禁不起你失敗。所以會變得很客氣，並且願意幫助你。太讚了！

4. **拒絕腳踏兩條船**

另一個跟爛客戶斷絕關係的方法，是表明你跟另一個大客戶約好不能再替他們服務。我不是叫你真的弄一份合約什麼的，我們的目標只是替分開找個合理的解釋。這類似於約會：跟讓你倒胃口的人說你已經有穩定交往對象。只要跟大客戶清楚說明，並且得到同意就行了，說你會跟爛客戶說斷絕關係的原因是為了提供他們（好客戶）更好的服務。

這裡還有個關於改變的小提醒：在你試著斬斷合作關係時，那些討人厭、不懂尊重、刻薄的客戶雖然可能態度一百八十度大轉變，但改變其實相當罕見。多數討人厭的爛人不會突然變得不爛，甚至變得及格。別指望這種事會發生，當然也別期待那些你一聽到聲音、見到面就會皺眉的鼠輩會改頭換面。別指望這種淘汰策略會讓虐人的客戶覺醒。他們永遠不會醒的。你要做的就是把爛南瓜砍掉，繼續向前。

淘汰工程還沒結束。要離開的不只有那些混蛋客戶，還有不太適合的客戶。或許會有世界上最棒的人跟你買東西，也許達賴喇嘛會敲你的門，求你賣鞋子給他。但如果你做的是帽子而非鞋子，你還是得淘汰這段關係。即便是很了不起、友善、親切的客戶，**如果**他們不適合你提供的產品或服務，最後都得離開。不過因為這些人很好，所以你淘汰時他們還會感謝你——前提是你在結束關係時處理得很好。

如果有好人想跟你做生意（順道一提，這些人可能佔你客戶的九五%以上），但彼此不合適的時候，你就要把他們介紹給其他能提供理想服務的廠商，從而「淘汰」這段關係（這點我們後面會詳談）。說到底，他們想要的是理想的服務。你把他們介紹給最能服務他們的人，這就是在提供良好的服務。你看，淘汰也適用於好人。

還有一件事要記得，就跟在南瓜田裡一樣，除草的工作需要定期執行。公司會改變，客戶來來去去，你掌握了填寫評估表的竅門後，就要每一季重新評估。挪出一、兩天來評估客戶，做出你到現在應該已經習慣的艱難決定。你永遠不曉得什麼煩人的小草或有問題的南瓜什麼時候會竄出頭、佔據整片田地。

執行計畫——在30分鐘內行動

1. 編寫一份「最（不）想要」的清單

瀏覽你的評估表，列出一份必須離開的客戶清單。

2. 決定你的淘汰策略

無論你是要提高價格、刪減服務、降級處理、拿出合約來當藉口，還是直接告訴他們，你都需要一個計畫。考量客戶在你這一行的影響力有多大，再來決定哪個策略比較適合。

3. 趕走第一位爛客戶

去做吧，此時不做更待何時？寄電子郵件、打通電話。如果你兩顆蛋都還在，那就面對面講。狀況就要大幅好轉了。

☑實踐計畫——在「個人服務業」種出大南瓜

你正在經營遛狗與照顧狗的生意。請把狗鍊掛起來，跨過沾滿口水的咀嚼玩具，把那些小搗蛋關在辦公室外，因為我們要用南瓜計畫來改變你的事業了。

你所在區域總共有五家提供類似服務的業者，專門替人遛狗以及擔任狗保母，競爭相當激烈。每次你張貼傳單，對手就在上面貼另一張。而由於你靠價格來競爭，所以唯一能賺錢的方法，就是在同一時間遛八到十隻狗。即便你能在同一時間接到這麼多狗，你還是不斷掙扎、生活過得起起伏伏。

搞清楚誰是你的頂級客戶之後，你打電話要求碰個面。你發現他當中有許多人不滿你同時照顧幾十隻狗，而不是專心照顧他們的愛犬。他們希望自己的毛小孩得到更多關注。即便不能親自跟狗相處，他們當中有人依然想更了解自己的狗過得怎麼樣、跟狗建立情感連結。（他們聽起來好內疚啊，各位。超級內疚。）

你決定讓幾個最棘手的客戶離開，也就是那些常常「忘記」付錢給你的人。看到對手把他們搶走，你有點心痛，畢竟他們已經照顧那麼多隻狗了。不過，那些對手現在得處理「忘記」要付款的客戶了。

這時你想到一個點子，你可以做跟對手背道而馳的事情。不要一次遛很多狗，而是提供獨家遛狗服務。你可以提供全世界最頂級的遛狗服務，帶著小狗單獨去野外踏青，收費是對手的兩倍、三倍、四倍或五倍。而且，你也不會再被貼上「遛狗者」的標籤。有這種標籤的事業賺不了多少錢。那換成「愛犬照顧者」呢？天啊，這就是你的新身份，**這個**標籤能賺到超多錢。傾聽客戶的願望清單，這顯然就是他們想要的：一個關照愛犬生理**以及**心理健康的照顧者。

現在，你**只**提供一對一小狗照顧服務。你會花時間帶小狗去散步遠足。你安排小狗跟其他狗朋友玩耍。你傳訊息給「狗爸爸」和「狗媽媽」，把出去玩的照片傳給他們看。你幫小狗梳理毛髮、讓毛髮保持乾淨整潔，還會幫小狗剪指甲。你教小狗新的指令，讓牠在狗狗遊樂場玩耍時更有規矩，乖到主人下次帶牠去公園玩不用再躲躲藏藏。你留下貼心的字條，描述你和他們的毛小孩一天都做了些什麼。如果要在主人家陪小狗過夜，你會非常用心，而不是時間到才抵達、放任小狗在晚上自由活動。家裡只有你跟小狗，你們一起窩在家放鬆休息、看電影、吃冰淇淋。

客戶好評不斷，說自己的寵物簡直煥然一新、變得超乖超有規矩，全都讚嘆到不行。小狗的表現更好、更有禮貌，一切都改善了。你給了飼主夢寐以求的完美小狗！太讚了！

你的收費很高，所以能雇用其他人來擔任愛犬照顧者。你把照顧小狗的大小須知都記錄下來，所以能輕鬆訓練員工來悉心照料狗狗，就像你一樣——或者是跟**客戶**親自照顧家裡的寵物一樣。

現在，你的愛犬照顧事業是當地最熱門、生意最旺以及最賺錢的。大家都說你應該寫本書、推出你自己的小狗用品和烘焙產品系列，或開間小狗旅館。你心想：「有可能哦，我先不把話說死。」你想做任何事都行，你就是當地最巨大的南瓜。

第六章

止血帶技巧，讓你精準控制成本

為了灌溉頂級客戶，你不只要告別爛客戶，
還需要削減不必要的開銷，
並讓員工們走上打擊位置。

路克（Luke）的網路程式編寫公司每年業績五十萬美元。他三十歲，很有才華、前途光明。但他破產了。他跟妻子借錢，妻子盡全力支持他。他剛從父母那裡借了兩萬美元來付……哦，超慘的……**付薪水**。很淒慘吧？這甚至不是展業貸款，而是一個止血繃帶，貼在那個巨大、裸露、正在滲血的傷口上。

我們坐下來思考，在討論如何止血、讓他重新站起來的時候，你覺得他說了什麼？猜猜看。他講了一句我們很常聽到的話，我之前也引用過。你可能對自己說過，或是對別人說過，而且還不只一次（提示：記得開凱迪拉克休旅車、事業瀕臨破產的婚禮花商布魯斯嗎？）。

「我們只差一個案子。只要這些人一簽約，我們就成了。」

對啦對啦……。

我想告訴他，這種孤注一擲等待關鍵客戶上門的心態，治不了侵蝕他公司、銀行帳戶與夢想的病。不過，我想我會假設**你沒講那句話，你真的有試著解決問題**。

我來跟大家報告一下路克的狀況。八年來，他都差一個案子就能成功了。**八年了**。

他給自己的薪水並不高，麥當勞的全職員工薪水都比他多。但他靠妻子跟父母一點一滴的幫忙，還是有付薪水給員工。路克陷得很深，他只有兩條路走：削減開支或關門大吉。所以我挑明告訴他：「你必須開除員工。」

從路克臉上的表情，我看得出來他無法接受（彷彿看了恐怖片）。他嚇死了，但我不驚訝。從來沒有老闆會想開除員工的。創業者**真的**不想叫員工回家吃自己。我們認為自己的團隊獨一無二，注定會有一番作為。大家有如家人，致力於幫助我們實現那個一度潦草寫在餐巾紙上的夢想。自尊不允許我們開除任何一個人。梅麗莎要去哪裡找另一份這種工作？德瑞克要怎麼辦？尼姬如果付不起勞健保怎麼辦？

我懂，我真的懂。我在時機不好的時候，也不得不讓能幹有本事的員工離開，當時我也跪在地上哭得亂七八糟。這種感覺當然很差，但你知道什麼更糟嗎？就是因為破產而讓**所有人**離開，包含你自己。要是路克不面對現實、資遣員工，這就是他的未來。

路克抗議：「但假如這個新客戶簽約，我會需要所有員工幫忙啊。」

「不對，路克。我們必須找出一種辦法，讓你和三名員工來服務這些客戶。」

路克現在真的心煩意亂，我幾乎能聽到他內心害怕的吶喊：**解僱五名員工！辦不到！我不可能這麼做！到底要開除誰？該怎麼選擇？工作量會不會大到我們處理？我已**

經沒辦法比現在更努力認真了。

我是在哈佛大學簡報時認識路克，後來一直是朋友。我把路克當成親兄弟一樣照顧。我也完全理解他的感受。每天把自己逼到極限，這樣才能付薪水給那些賺比你多的員工，這種感覺我完全懂。奇蹟般擠出薪水之後，隔天早上醒來發現一切又要重頭，兩週後你又得掏出兩萬、三萬、四萬美元來付薪水。這種感覺我完全了解。我也知道無論理由是多麼有力，開除一半以上的員工感覺就像認輸。所以，向他解釋為什麼**非得**如此的時候，我的態度很溫和。

「路克，五十萬美元的營收養不起八名員工。沒人有辦法。這不代表你失敗了。不管是誰都辦不到啊。」我向他保證：「你已經在這行幹了快十年，要是現在不改變，很快你就一**個員工**也留不住……因為你得關門收山。」

路克不發一語，我知道他至少準備好要考慮我的建議。我看了一下他的客戶名單。表面上看來，他的網路程式編寫業務非常集中，所有客戶的運作模式都差不多，需要的最終結果也很相似。要系統化看起來不難，他應該不需要這麼多人來服務客戶才對。到底是怎麼一回事？

「你為什麼需要這麼多人？」我問。

「坦白說，有些程式碼是C++，有些用PHP，有些用Ruby，又有人用Flash，其他人則用完全不同的程式語言。我需要能處理各種程式碼的人。」換言之，他們工作時有些人是用日文，有些講英文，有些則用豬拉丁語[1]、手語和克林貢語[2]的綜合體。

答對了！這就是問題所在。他請了不同程式語言的工程師來接各種程式語言的案子，他需要員工來處理這些古怪的要求，難怪他要破產了。路克也許只提供一種服務，但他並不專注服務特定客群。他對每個人說好，還是在玩數量遊戲，依然在爭取各種客戶，就算公司會人手過剩、過度擴張也不在乎。他還是不放棄希望，認為各種程式語言的需求都會增加。突然間，要付八個人薪水就變得很合理。路克在他事業的南瓜田裡跑來跑去，努力澆水施肥，照料瓜藤上的每一朵花。

這樣種不出巨大南瓜，對吧？

「路克，如果你只做一種程式語言的案子，收入最高、服務最輕鬆的那種，這樣請

---

1 譯注：Pig Latin，一種英語語言遊戲，形式是在英語上加一點規則來改變發音。

2 譯注：Klingon，《星際爭霸戰》中一個好戰的外星種族。

三個員工就能搞定。」我說，一邊期待他頭上的燈泡亮起來、期待他跟我擊掌跳個舞……好吧，這可能太超過了，但我想出救他一命的辦法耶！我不是要他跳個霹靂舞，但好歹也像是射門得分那樣開心得手舞足蹈吧。

「可是麥克，我大部分的客戶都會叫我滾蛋！」

「太好了！反正你也不想服務他們啊。你想替頂級客戶服務，就從這裡開始擴展業務。這就是野性。你會把一些不是頂級客戶的人氣跑。」

「麥克，我真的辦不到。這樣太冒險了，我**需要**所有客戶。」

嘆氣。

路克跟多數人一樣，無法改變心態，就算這能拯救事業也改不過來。他想擺脫倉鼠滾輪，可是不敢跳下，所以最後只有一直跑、一直跑，卻哪裡都去不了。而且他會一直跑……直到他（或他的公司）垮掉為止。我擔心破產會變成路克的教訓之一，但沒必要走到這一步。

無論你認為他們有多需要你，無論**你**認為自己有多需要**他們**，都不能把自己養不起的員工留在身邊。就這麼簡單。南瓜計畫的優點在於，一旦淘汰有問題、不適合的客戶，並把焦點轉移到最有潛力的客戶身上，你就有機會削減沒用在頂級客戶身上的一切成本，像是電話費跟停車位租金等等。刪減成本會變得超級容易。你能看出什麼東西該拿掉，而且因為你正努力培養一顆巨大的獲獎南瓜，你就有了情感上的支撐點，來讓你真實面對公司的損益表，並立刻止血。我將其稱為「止血帶技巧」。

停止失血，看看現金都去哪了？

這句話我說過很多次，**超級超級多次**，但再說個幾百萬次也不要緊：現金是事業的命脈，比大量庫存、未支付的應收帳款，以及高額信貸額度更重要。庫存可能被掩埋；客戶可能永遠不付錢；信貸額度也可能瞬間消失。像路克一樣，如果沒有足夠資金，你永遠不會成功，而我敢打賭你手上的現金一定不夠。

多數創業者都破產、手頭緊，或正在虧損。為什麼？因為這是人的天性。我們賺多少花多少，不管是五千、五萬還是**五十萬**都一樣。你終於爭取到那個大客戶，結果突然你就需要一個新助理或新辦公空間，或在下一場貿易展中租個新的邊角攤位。你的產品突然變成史上最熱門的東西，你也拓展到一個無關原本概念的新領域。你本該好好儲備資源，做好準備迎接未來的風雨（或颶風），或準備安然度過棘手的「成長期」中最顛簸的一段，但你卻跟川普一樣肆意開支票。

直到你把手邊現金都用光。

現金會有用完的一天……除非你開始止血。

南瓜計畫不單只是關於營收，更與利潤有關。還記得利潤嗎？你一開始就是為了利潤才一腳踏進這個瘋狂的產業，目的就是為了賺錢。海撈一大筆，讓人生幸福美滿，沒錯吧？要是你沒有把賺錢排在優先，這本書就不適合你。我建議你還是去讀《西瓜清洗計畫》、《災難哈密瓜》或《失敗水果盤》這種書吧。

簡單來說，「止血帶技巧」這種方法可以減少或刪除低排名客戶的相關成本。這些客戶在你的評估表中排名墊底，是那些F等級、有問題，而你早該切除的南瓜。他們不只惱人耗時、勞神傷財，還會吸乾你的血。為了留住這些最糟糕的客戶，你花一大堆錢。所以說，在血流光之前，趕快綁上止血帶。仔細審核你的開銷，從員工到辦公室用品等各種項目，砍掉所有跟最致命的客戶有關的開銷。

這似乎很容易，你會想：**拜託？如果都已經把客戶趕走，怎麼可能還砍不掉相關費用呢，麥克？**

因為你是人，這就是原因。你會繼續花自己賺來的錢，給自己跟公司藉口，說服自己說**繼續**花這些錢或許不壞。會計部的妮可以前會花八五%時間來追討混帳客戶的款項，而她現在無事可做，你卻還不想把她解雇。要是她這週不斷重新歸檔發票，重複十七次，你會怎麼想？妮可很棒，她有三個可愛、無助、開銷很大的孩子要養，你會幫她**找到事情**做的。

那你租來的展覽空間呢？你租下來原本是想打動那位客戶（也就是那位頭號公敵），現在呢？你不打算退租，因為那裡滿酷的。你開車經過、在門牌上看到自己的公司名稱時，你會自覺是有頭有臉的大人物。就算租金佔了預算的十分之一又何妨？那個空間很棒，你會找到一**些用途**的。

還有，那個全國性會議就更不用提了。**一定**要去啊。這不是廢話嗎？你當初參加，就是因為那些需索無度的客戶期待你每年都能露面、好好招待他們。這可能對生意有好處吧。既然你在會議上變成「一個人」了，就能在不被客戶綑綁的情況下自由活動，或許還會找到一些**新客戶**。（呃……或許跟你原本的爛客戶差不多）。而且大家都很期待參加——這讓你的團隊更能凝聚向心力。你一定會在活動中找到一些有價值的東西。

要跟客戶說再見很難，就算客戶是混帳也一樣。你圍繞著他們建立起來的世界也很難割捨，比方說你花錢請來的人、買來的東西和服務，這些都只是為了讓那些混蛋高興。儘管你很愛妮可、新潮的展覽空間，還有每年出差兼出遊的機會，你還是得止血，你必須**更愛**自己的事業。

逐條審核，排除所謂的「必要」支出

這本來是個副業，是個有趣的案子，或許可以賺點外快。亞希莉亞・沃利（Athelia Wolley）跟前生意夥伴成立破爛蘋果網站（ShabbyApple.com）時，希望一年能賣出二十或三十款不同風格的洋裝，這並不是什麼大生意。他們喜歡四〇、五〇年代的女性服飾，也注意到影集《廣告狂人》（*Mad Man*）和瑪莎・史都華（Martha Stewart）的居家風格企業之所以大受歡迎，是因為民眾非常懷念復古風格。亞希莉亞發現，跟她擁有相同不變法則的那些女性會浪漫地看待過往時光，對服裝的心態絕對也是如此。

她曾在國際特赦組織工作過，懂得努力用符合人權標準的方式來生產服飾（不能有五歲小孩在血汗工廠裡每天工作十二小時）。這表示製造成本會增加。為了降低價格，她跟共同創辦人決定放棄批發，透過破爛蘋果網站直接把產品賣給消費者。這樣一來，他們要想辦法在沒有零售商的協助下，靠自己的力量把系列服飾宣傳出去。

跟多數新創公司一樣，破爛蘋果幾乎沒有錢做行銷或廣告。為了打響品牌知名度，其他設計師會花錢找時尚公關，花錢把自己的系列產品放在陳列室，再花錢請一支團隊來拍型錄（提供給雜誌或零售商的迷你目錄或手冊）和行銷素材。但除非你是設計大師、已有名氣者，或全世界最幸運的人，否則這段過程可能要花上大把時間與鈔票。

需要為發明之母，所以你知道這個故事最後會有快樂結局——我的意思是，有超多成功故事的開頭都是：「我們沒有錢，所以……。」真的超多。破爛蘋果就是這種成功故事。現在，他們透過自己的網站銷售一百多款不同的服飾。亞希莉亞把工作辭掉，現在全職經營破爛蘋果網站……而且超成功。

我必須搞清楚她和前生意夥伴，是如何在這個已經飽和、競爭激烈的時尚產業中崛起的，而且他們製造商品的成本還比別人高。你應該也很好奇吧？所以我打電話給她，盤問了大概一個小時。亞希莉亞是個可愛的女子，不厭其煩地回答所有問題。

她表示：「我們選擇在網路上行銷，而不是賣給批發商，因為多數消費者都在網路上消費，婦女尤其如此。另一個原因是這樣我們可以把價格壓低一點。如果我們透過批發商來賣，利潤會被大幅壓縮，加上生產成本高，這樣賺不到錢。」

但她如何在沒有行銷預算的情況下建立客群的？亞希莉亞發現她的朋友（三十多歲有小孩的婦女）每天都看部落格，想從部落格找到烹飪技巧、度假靈感和時尚知識。亞希莉亞突然有了靈感。她開始寄送樣品給部落客，部落客則在自家部落格上大肆宣傳破爛蘋果的產品作為回報。一開始，他們把行銷預算分給部落客和廣告，但很快就發現部落格文章介紹帶來的銷售量，**遠大於**那些昂貴、針對特定客群投放的廣告。

她說：「那個時候，專注發展部落格市場的公司不多，我覺得現在也沒有哪間公司有好好利用這個市場。」為了釐清誰是頂級客戶，他們還用了Google分析跟免費的追蹤軟體。亞希莉亞說：「Google可以顯示你從某一個部落格得到多少點閱率，或者我們會給某個部落格購物優惠碼。這樣能追蹤銷售是從哪來的，真的很有用。」

亞希莉亞的頂級客戶是三十多歲的女性——她們的習慣是在網路購物、閱讀部落格，所以能替破爛蘋果省下一大筆錢，省下原本可能會花在店面、行銷公關和多數時尚設計師認為的必要開銷，每個月加總大約兩萬美元。雖然銷量大幅成長，但他們每個月依然只花大概一千美元在部落格行銷上。了不起吧？

亞希莉亞如果一開始就想把破爛蘋果推銷給所有女性，或決定用零售的方式來銷售，他們現在還會是巨無霸南瓜嗎？可能吧。但也可能，亞希莉亞還在做全職工作，並且趁晚上和週末時間努力讓「副業」步上軌道。

你瞭解了嗎？專注於理想客戶（頂級客戶），讓亞希莉亞得以排除多數設計師必要成本。很多做這行的人會告訴她，說她一定是瘋了才不找行銷公關來向雜誌推銷服飾，說她**絕對要**在紐約租一個展售空間，或是說廣告是收支平衡中的一環。錯了！光靠思考客戶到底需要什麼、如何接觸客戶，然後就做這些事，也真的**只做**這些事，她每年就省下大概二十五萬美元。

現在你知道誰是你的頂級客戶了，那就好好地、認真地、敞開心胸審視自己的開銷。這一切**真的**都有必要嗎？你能不能改變對客戶的行銷方式，藉此提供他們更好的服務？如果你的頂級客戶並不真心喜歡派對，你還有必要舉辦年度派對嗎？如果事實證明你的頂級客戶主要都用網路，那還需要光鮮亮麗的小手冊嗎？

逐條檢查每項支出，然後問自己：「這個東西對頂級客戶來說是最有用的嗎？」如果不是，就割捨掉吧。

正確配置員工，南瓜再大也容不下冗員

或許你還沒有替你的企業創建一個組織結構圖，但我敢跟你賭，就算你已經做了一份，但你的做法還是跟多數創業者一樣，那就是應付**現在**的狀況，而不是**應該要有**的狀況。我敢打賭我說對了，因為幾乎所有人都是這樣。

繪製一張圖表，列出你和所有員工和他們的工作內容，然後努力搞清楚如何讓**這個配置**能夠順利運作（因為我知道你**真的**、**真的**很想讓業務動起來）。不過，你不只是想知道如何讓目前的員工配置順利運作，還想知道如何發展出數百萬美元的事業，讓你稱霸群雄、逃離永恆運轉的滾輪……直到永遠。所以說，從現有的狀況著手似乎很合理，

但若想為你的巨無霸南瓜正確配置人事，其實要從你希望擁有的狀況來下手。

你的主要目標是盡全力服務頂級客戶，組織結構圖就應該符合這點。所以首先呢，你必須建構一個理想的組織結構圖；如果這份圖表得以實現，你就能有效、輕鬆地協助頂級客戶。沒有壓力、無需恐慌，工作也不會拖延。這樣的組織結構表會是什麼樣子？你會刪掉某些職位嗎？你會創造新的角色嗎？會不會成立團隊來分擔工作呢？

在這個階段，你的組織不是只跟你的人員有關，而是跟職位有關。不要執著在那些替你工作的人以及他們的工作內容，而是去思考那些最能替頂級客戶服務的職位之角色與職責。這些職位上的人會如何互相溝通？他們會如何互相匯報訊息？

現在，你有了理想的組織結構圖，請把員工放進他們應該填補的角色中。通常，有些人（包括你自己）會身兼數職。在你的組織結構圖中，或許會有五十個職位需要由十個人來填補。有時候，正在你公司任職的人會不符合新的理想組織結構圖。雖然你要讓十個人來填補五十個職位，但請不要以為每個人都會有能勝任的工作。以一個陷入掙扎的事業的現有架構來繪製組織職責分配圖，這種做法只是在倒退走。業務當初會陷入掙扎，其實有一部分是組織結構圖造成的。關鍵在於畫出理想的結構圖，然後把你現有業務中合適的部分安插進去。

我跟路克做這項練習之前，他斷言自己不能開除**任何人**，否則會人手不足、會應付不來。他不知道怎麼讓現在的團隊配置運作，你或許也不知道。

現在，你跟我都知道路克需要集中業務，擺脫各種不同的程式語言服務，但就算他不聽我的建議，他還是能做一些人員調度來大幅改變公司業務——至少往好的地方走。

將他的理想組織圖跟實際組織圖拿來做比較時，我發現路克有三位專案經理，其中一位基本上根本沒資格領薪水，還會干擾公司業務。不過，他的辦公室經理很優秀，有時間和能力能承擔一些專案工作。所以我告訴路克，要是他把那位只會造成困擾的專案經理解聘，辦公室經理還能應付工作，這不會有問題。

你知道我們還發現什麼嗎？路克負擔了五到六項他根本不該處理的工作。他只花一成的時間在他的執行長角色上，因為他身兼數職，這是創業家都很擅長的事……或很常做的事（這是一種病，我發誓）。他負責行銷、負責銷售、負責處理人力資源問題、負責記帳，閒暇時間（其實已經沒時間了）還在寫程式。沒錯，他在做他花錢請了八名員工做的工作。用顏色標記出彼此的工作職責，事實就擺在眼前。組織圖不會說謊。

我知道這種程度的變化光想就很可怕，但你必須這麼做。覺察就是一切，而真實面對員工問題的最佳方式，就是繪製這種組織圖：理想圖表與實際圖表的視覺呈現。當你看出這張圖應該是如何，還有現在又如何的時候，你就能開始調度人力與職責，直到這兩張圖一模一樣為止。

朋友啊，**這個**，就是配置出巨無霸南瓜的方式。

執行計畫——在30分鐘內行動

1. 從簡單和明顯的事情開始

跟最爛的客戶切割之後，就把所有與這些客戶或這類客戶相關的支出都砍掉。比方說，淘汰那款價格高昂的軟體，或是解雇某些兼職行政人員，因為他們原本是請來服務那些已經被你切割、時常有天馬行空想法的爛客戶。

2. 刪減是為了服務

現在馬上審查公司的所有開銷，並判斷：一、這些開銷是否真的能讓你用頂級客戶想要的方式來服務他們；二、你可以如何調整或刪減這些開銷，藉此提供頂級客戶更優質的服務。

3. 繪製圖表

繪製理想的組織結構圖。現在，開始把合適的人擺在合適的位子上，讓他們以最理想的方式去服務理想的客戶。做好這一點，你就會成為鎮上最肥美巨大的南瓜。

☑ 實踐計畫——在「搖滾界」種出大南瓜

你是搖滾樂團的成員，你們專門演奏有點復古的老派龐克搖滾，而且有潛力一舉成名。放下吉他、拉緊你的緊身牛仔褲，讓我們開始用南瓜計畫來改變你的事業吧。除非你只是為了搞藝術而玩樂團，或是只想跟團員在車庫裡玩玩音樂，不然這其實也是一種事業。

其他人都說，你的樂團就要闖出一片天了。你就快成功了……但你們等著大紅大紫已經五年（還是十五年？天啊，時間過得真快），你也很討厭為了要平衡收支而去打工。你很幸運，因為你不像你很崇拜的大樂團那樣，還要等唱片公司來發掘你。科技非常進步，你只要創作、發布並行銷自己的作品就好了（你應該知道為什麼我會說這是一項事業了吧）。

繪製評估表時，你將頂級歌迷當成頂級客戶：你推出的歌曲他們都買單，表演也都會出席，而且一逮到機會就會跟別人聊你的音樂。根據定義，你的狂熱粉絲就是你的頂級客戶，可是有幾位大「粉絲」就是不懂你。他們來看你的演出，但他們跟著唱的時候大聲到你已經聽不見自己了；你走過人群時，他們試圖闖進後台想摸你，還常常霸佔你的免費周邊（你不能再脫掉上衣丟進人群裡了，因為他們為了搶衣服會傷到其他人。而且，他們搶奪不是自己穿，是要拿到網路上拍賣）。把這些人放到評估表的底部吧。

沒錯，你只想知道那些最死忠的歌迷（也就是你的頂級客戶）心裡到底想要什麼。所以你打電話給他們，等他們鬼吼鬼叫、大喊「我的天啊！」之後，你問他們對於自己喜歡的樂團（不只是你的團）跟整個音樂產業有什麼不滿。你開始發現這些最愛你的歌迷，真心想要感覺自己與眾不同。他們不想愚蠢地在外面等著要簽名或合照。他們想要樂團背後的故事，像是幕後發生的事情以及創作過程。

但你不可能讓成千上萬人感到與眾不同。

還是說，這是有可能的？

你跟其他團員聚集起來、動動你們的龐克搖滾大腦想出辦法，用一種你們能控制的方式，讓每位歌迷都能走進你們的生活。你們決定用影片與照片紀錄下一張專輯、下一場演出，以及下一次巡迴表演的創作與製作過程。你在錄音室錄音時發送即時動態，也用臉書向歌迷提問、詢問他們對某首歌的意見。你不辦那種一般的見面會，演出後也不向歌迷致意，而是直接辦派對跟粉絲同樂。你在部落格上回答歌迷的問題。對了，你還做了樂團界最酷的事：你在歌曲中安插密碼。歌詞中的密碼能讓那些知道消息、最忠實的鐵粉進入一個受保護的網站，瀏覽你提供的獨家資訊與素材。

現在，你的頂級客戶（也就是你的狂熱粉絲）比以前**更愛**你了，**而且**他們現在有大量內容能分享給朋友或同好。要請他們不要洩漏密碼實在太難了——更正，應該是**根本不可能**。他們忍不住把密碼告訴每個認識的人，而他們認識的每個人都開始聽你的音樂，因為他們也想當下一個發現最新密碼的人。

每次你提到頂級客戶的名字或回應他們時，他們都會激動到發狂，立刻把你的貼文轉發出去讓全世界知道。現在你已經有一批新的狂熱粉絲，他們也想參與這一切。你的死忠歌迷建立線上社群、舉辦自己的聚會，也會寫關於你的粉絲小說。沒過多久，你就在網路上成名，唱片公司也主動找上門，就看你願不願意接受他們的條件了。跟唱片公司簽約並不是你真正需要的。身為搖滾界的大南瓜，你正在回收所有報酬（還有絕大部分的利潤）。

第七章

誰說對客戶不能偏心？

巨無霸南瓜需要特殊照料，
而你的頂級客戶也一樣。
打破框架，這才是商業的致勝關鍵。

現在呢，你已經幫客戶排名、趕走有問題的問題製造者、將不合適的客戶引導到其他地方、削減不必要的開銷，並建立一個健康的根基系統（新的組織結構圖），你的下一個目標是把精力集中在核心客群身上。你的目標，也就是你的**使命**，就是讓這群人開心滿意，讓他們沒有機會離開你去找你的競爭對手。

要做到這點，你必須違背傳統的智慧（還有媽媽的嚴格指令）。你必須厚此薄彼，打破一些其他「競技場」規則。你必須提升自己的層次，用超棒的照顧技巧令客戶驚艷。用創新和優質的服務讓他們神魂顛倒、顛覆他們的想像力，並且替他們的問題提供解決方法、回應他們的需求。

客戶不曉得你在實施計畫，所以除非你無微不至、時時刻刻呵護照顧他們，他們並不會知道自己是你的頂級客戶。要是你不說，他們怎麼會知道自己在ＶＩＰ名單上？不對，更正。講出來就不值錢了，你要**做給他們看**。如果想讓頂級客戶知道你有多關心他們，就必須做一些事讓他們知道你重視他們的業務、想看到他們成功。

朋友啊，這就是有趣的部分。

接下來，我會將自己知道的一切傾囊相授，教大家如何運用策略來發展與頂級客戶的關係、吸引新的頂級客戶，還有讓自己跟朋友的事業變成市值數百萬美元的商業帝國。現在，我們先從簡單的東西開始。

厚此薄彼，其實是件好事

你或許有幾個私心偏好的客戶，他們每次上門你心情就很好，也會盡心盡力去協助他們，想當然這都是因為你真心喜歡他們、希望幫他們把事情做好。你可能不想讓其他客戶知道你最愛的客戶是誰，甚至也不想讓他們知道你偏心。所以你盡可能保持低調。你努力確保所有客戶都得到他們需要的，沒有人感覺被忽視或遺漏。

我懂，我真的懂。你是好人。給客戶不同程度的服務讓你內疚，而且如果有客戶發現你給「偏袒的客戶」獨家好處，你會感覺非常、非常糟糕。但我要讓你從這種超級可恥的痛苦中解脫！厚此薄彼沒什麼好內疚的。這不過是一筆好生意罷了，而且對你的成功也是必須。不過，你說你是個好人。沒錯，但照顧那些照顧你生意的人不是更好嗎？別忘了，這些好客戶讓你賺錢。

如果是在家裡、在競技場或棒球場上當裁判，偏心可不受人歡迎，但這卻是商場的致勝策略，因為頂級客戶**是**你最喜歡的客戶，你需要用特別的方式相待。不然，他們如何**覺得**自己獨一無二呢？你只要確定那些不值得的客戶（或不符合頂級客戶之基本要素的）沒有得到特殊待遇即可。

問題在於，就算你已經縮減了客戶名單，只留下頂級客戶，也不是每一個都可以偏袒。如果你對每個人偏心，其實也就是一視同仁了，對吧？需要偏心的客戶不能超過一半。聽我的話，偏心要留給精挑細選的少數客戶。

我有個好朋友叫湯米．慕尼克。好吧，這不是他的本名，甚至聽起來也不像。但他真的是我摯友。我知道，之前我說過會在真實案例中說出當事人真名，但湯米賺太多錢了，真的超級多。問題在於當你錢賺得多，有可能會大家都來找你要錢。所以湯米很樂意讓我在書裡分享他的故事，唯一條件是隱去真實身份。我不確定湯米．慕尼克是不是他想要的，或許他想要一個聽起來很帥、殺氣十足的名字，比方說布魯斯．龐德，或是一個超級性感、好讀的名字，像是麥克．米卡洛維茲。湯米，不好意思啦！

湯米跟我一起參加一個事業策劃小組。在某次聚會上，他跟我說他當初如何培植公司，最後用三千萬美元的價格把公司賣掉。他之所以做得到，部分原因是他對兩百位客戶中的少數特別偏心。少數是幾位？以他的案例來說，九位。

「我決定把重點擺在前十大客戶上，因為十這個數字很簡單。」我問他的策略，湯米解釋：「但我跟團隊討論名單時，我發現必須把一位客戶從頂級客戶名單中刪除，就是沃爾瑪。他們在溝通方面差強人意，只顧自己的期望，不給我們任何彈性。所以囉，我的前十大名單變成前九大。」沃爾瑪即使這些年來替他帶進數百萬美元的營收，依然被剔除在外。

決定好是前九大客戶之後，湯米就提供各個業務方面的優先權。他把名單貼滿整棟建築物和每個人的桌上，告訴員工這些客戶的需求要優先處理。如果他跟級別較低的客戶通電話時，有前九大客戶之一打電話來，他會說：「我有急事要處理，晚點再回電。」接著掛掉電話去接電話。他傾聽頂級客戶的想法和需求，並依此調整產品，讓前九大客戶各自得到想要的：不同的包裝、新的售價，任何他能做的都會答應。

其他客戶根本不是優先要務，連沃爾瑪也不是。這不代表沃爾瑪和所有其他客戶就無法得到優質服務——但如果前九大客戶表示有需要，會立刻得到**無微不至**的照顧。不過，這種涓滴效應也造福了其他一百九十一位客戶，讓他們從中得到某些特殊待遇。湯米和員工在製作東西和解決問題方面變得更有效率。當他替前九大客戶之一解決問題時，其實也是在幫所有客戶解決問題，而由於多數客戶都在類似產業，所以往往能從中受益。

他把公司賣掉時，買下公司的好心人提出「更聰明」的全新規則：「把每個人都當成頂級客戶來對待。」湯米留下來協助公司易主，新負責人到職當天就撤下了他的前九大名單，說：「每個人都是第一。」

湯米強烈建議別這樣做。他解釋說不可能每個人都當第一。他說自己的事業就是靠專注服務前九大客戶才得以茁壯成長，但他們就是不聽。

以農業術語來說，讓每個人都當第一客戶，就像是「讓每顆南瓜都變成巨無霸南瓜」。這不會成功。你猜猜看，新策略對我朋友賣出的公司有什麼影響？超級慘，非常、非常慘。不到兩年就倒閉了。他們損失了當初投資的三千萬美元，加上額外五百萬美元的經營費用，只因為他們打破南瓜計畫的這條規則：只給最好的客戶最好的待遇。就這麼簡單。

正如狂熱的南瓜農會放音樂給爭奪大獎的南瓜聽，再用自製的柵欄來保護巨大南瓜，還在兩旁安排警衛犬，你也得盡全力灌溉頂級客戶。這些南瓜農沒有疲於奔命地確保田裡所有南瓜都能得到同樣好處。他們一心一意給巨大南瓜一切需要的養分與呵護，這樣才能種出一顆足以打破世界紀錄的大南瓜。

別搞錯了，我不是要你忽略其他客戶或用差勁的方式來對待他們。不削減產品或服務的品質是基本規則。這會不利於做生意。然而，你應該替頂級客戶制定一套不一樣的應對方式，把這些人推到隊伍最前方，也為他們放下手邊的工作。如果他們碰到危機，你就要停止會議並馬上處理。想出更新、更好的方式來服務他們。預測他們的需求、讓他們優先試用新產品或新服務，也因應他們的特殊需求。最重要的是，你要盡力去協助他們發展業務。建立他們需要的系統。沒意外的話，有類似需求的潛在客戶也會蜂擁而至，酷吧！

其他「普通」客戶也會從這種競爭中得利。你替頂級客戶所做的改進和變革，必然也會幫助到其他人。誰曉得呢？或許普通客戶中的其中之一會爆發成長，或突然用某種方式融入你的計畫。這些狀況發生時，你就又爭取到一位新的頂級客戶了。

談到客戶，我**不希望**你打破的一項重要規則是：永遠別讓對方知道他們是ＶＩＰ。你要讓頂級客戶以為，你對待他們的方式就是你公司的常態標準。如果他們覺得你提供的優質服務，只是因為你告訴他們你們是永遠的好夥伴，那他們或許會假設你**無法**提供別人同樣等級的服務。更慘的是，他們可能會開始佔你便宜。不要讓ＶＩＰ知道他們處於優先地位，這個道理的好處在於，要是ＶＩＰ相信你對待他們的方式就跟對待其他客戶一樣，你就更有可能會發展出一套系統，來讓這個狀態變成真的。

客戶不一定永遠是對的

商業界最大的謬論就是這句老話：「客戶永遠是對的。」停下來想一想，假如這句話是真的，那對你來說的意義是什麼？如果「客戶」（翻譯：**任何想跟你做生意的人**）都永遠是對的，你怎麼可能把每個人都服務得服服帖帖？或許你能讓其中某些人滿意，但當你試圖滿足所有客戶（包括頂級、墊底與中間的）的需求，最後你會分身乏術。為了讓大家開心、為了達成這個不可能達成的目標，你會搞得精疲力盡。你會不斷犯錯、讓客戶失望。就像轉盤子特技那樣啊，各位。

更慘的是，假如你堅持「客戶永遠是對的」的態度，絕對會得罪頂級客戶，因為你為某位客戶做了某件「對的事情」而分心，就無法去幫頂級客戶做真正對的事情。不能讓這種情況發生。我們必須修改這條古老的準則，來讓這項規則貼合現實：

客戶**不是**永遠都是對的，但是……

對的客戶永遠**是**對的。

如果你已經定義好自己的不變法則，也填好評估表，應該會清楚知道誰是你的頂級客戶，以及他們的共同特點。這些最有潛力的頂級客戶，就是「對的」客戶，不管怎麼樣都是對的……永遠如此。他們可以有（幾乎）任何他們想要的東西，因為他們現在是首要服務對象。你想找出所有能幫他們做的「對的事」，因為這能讓你對他們的重要性提高，高到你競爭對手無法想像。

幸運的是，你的頂級客戶都很類似。他們八成都想要類似的東西，也會用類似的方式與你溝通，而且期待應該也很類似。此外，他們還具備跟你一樣的不變法則，所以或許跟你也很像。想都不用想，你懂的。如果你只跟對的客戶合作，絕對可以採用「客戶永遠是對的」這條規則。

你或許在想：「如果我的其他非優先客戶也想成為對的客戶，那怎麼辦？」好吧，首先，**他們**確實想成為對的客戶。人永遠希望自己是對的，也想得到期待之物、想感覺自己比別人重要。但你的重點是頂級客戶，這不只是為了讓他們開心滿意、擴大並培養關係，也是為了得到**更多**相似的客戶。你想要他們的分身（不是恐怖電影裡的那種），讓你可以拓展頂級客戶名單，把其他符合標準的人與企業加進來——即很了解你作風與業務的客戶，以及那些有潛力變成巨大、破紀錄南瓜的客戶。

把你的業務當成一個會員制組織。所有成功的會員制組織都會規定成員資格：必須是**某所**大學的畢業生、必須定時參與**某種**聚會，或是必須支付**某些**費用。他們盡其所能限制、篩選掉不合適的成員。你必須有一套自己的規則來篩選客戶，但別讓他們知道。規則只有你跟團隊能看到。

低承諾，高達成

我按照這個準則來生活，你也應該照做。大家都應該這樣。多數人都不這樣做，所以「低承諾、高達成」這條規則會讓你比其他人更有優勢，贏過幾乎所有人。

不相信一條簡單規則會有如此龐大的影響力嗎？想想最近幾次你跟某人約見面，他們告訴你時間地點。我敢打賭會有這種情況：

「今天下午兩點半在咖啡廳見，可以嗎？」

「好！到時見。」

兩點半了，但他們沒有現身。你就在咖啡廳等著。等到兩點三十五分，電話響了。「不好意思，我遲到了。」（沒在開玩笑。）「我這邊塞車了，我這棟大樓被小賈斯汀的粉絲霸佔，街上還噴出岩漿……我十五分鐘內會到。」

你很不爽。你的同事承諾太多（兩點半），實際做到的卻太少（兩點四十五分）。但等等，情況更糟了。

時針指向四十五分，發生了什麼事？什麼都沒發生，就是這樣。只是這次對方連電話都沒打。

你同事在兩點五十五分左右跑進來。他滿頭大汗，但你沒看到小賈斯汀後援會的上衣，也沒看到被岩漿燒壞的鞋子。你同事剛剛又承諾太多，達到太少。你很生氣。我敢保證你最近一定有在互動時體驗到這種「高承諾、低達成」的狀況，你很失望、不悅、憤怒。這種狀況一直發生。

如果你同事實行低承諾、高達成法則，狀況會是這樣：你們約好下午兩點半見面，早上九點他就打電話跟你說他會遲到（他慣性遲到），三點才會到咖啡廳。當下你很火大，但至少他提早通知，你也能在前往咖啡廳之前處理一些工作。

但事情是這樣的：你同事還是希望能在兩點半到咖啡廳。他承諾不多，但目標是希望做更多。所以，當他真的經歷了陷在車陣、被小賈斯汀狂粉淹沒（不是被岩漿），卻還是順利在兩點五十五分到達咖啡廳。你準時在三點到達時，他正坐在那裡端著一杯熱咖啡等你。是不是很讚！

這兩個情境中，最終結果一樣，期待值卻不同。在第一個情況下，你很不爽；在第二個場景中，你很開心。唯一差別是，對方用了低承諾、高達成法則。

當你做出低承諾，或甚至只是想改變一下條件時，客戶會感到些許失落。你畢竟沒有承諾要給他們全世界，但如果你正確把工作完成，這個小小的失落就只是暫時的，根本不嚴重。我將其稱為**微小因素**（Tinge Factor）。你可以透過令人驚豔的低承諾、高達成來克服——像是承諾三點到，但兩點五十五分就抵達。你端著咖啡，笑臉盈盈迎接客戶。

「遲到」的狀況時時刻刻都會發生，真的爛透了。這是我人生中覺得最煩的事，所以我**永遠都**低承諾、高達成。現在你也有做到這一點的策略，讓客戶又驚又喜。只要致力於低承諾（我三點會到）、高達成（兩點五十五抵達），就能在所有人心中留下超讚的印象。

你可能習慣同時兼顧太多事。這也是人之常情啊，畢竟你有這麼多客戶，還得馬不停蹄地銷售跟交貨。不管你本意有多良善，又有多大決心要兌現承諾，分身乏術的創業家難免會有疏漏。

你可能會來不及交件或完成工作，可能會為了趕在期限內**完工**而交出偷工減料、品質不理想的東西。你可能會犯錯，因為你累到沒辦法做到最好。又或者你總是遲到半小時。不管什麼理由，客戶都無法接受。你已經把他們惹毛了。

大多數掙扎中的創業者都在為金錢和時間奔波，你可能以前（實行南瓜計畫前）幾乎會答應跟任何人合作，我敢說你一直很匆忙。現在不一樣了。你已經把長不大、有問題、吸乾你時間與資源的客戶砍掉，致力培養頂級客戶。你已經跳出倉鼠滾輪，不會再接下一切工作。你準備好了，你辦得到。你可以提早交件或完成工作，還提供意料之外的額外好處，讓客戶又驚又喜。他們一**定會**開心到為你癡迷。

低承諾、高達成的培植策略再簡單不過，而且易於實施。這項策略適用於任何產業，以下提供一些你能實際嘗試的例子和訣竅：

1. 客戶要求提供時程表的時候，弄清楚你需要多少時間來完成案子，然後加上一○%的緩衝時間，可能是幾天、一週或甚至一個月。用你的過去經驗來評估，看看通常是會比原定計畫晚幾個小時，還是通常會需要額外的兩週來完成？

如果你賣的是產品，就延長預估的交貨時間，這樣才有時間來處理訂單還有調整送貨途中的任何延誤。如果你的創新領域是速度與效率，這麼做還能發揮雙倍功效。想像一下，有間租車公司承諾會在你抵達後五分鐘內準備好車子（這已經很好了），結果才過一分鐘就把車交給你（天啊，超快）。薩波斯（Zappos）這間知名鞋子（與其他產品）零售商，成功關鍵就在於比承諾的時間更早交貨。他們讓客戶驚嘆連連，覺得好像有人竭盡全力要讓他們開心滿意。

2. 客戶要求某項產品或服務時，提供一些額外的小東西。比方說，如果你是一位私人廚師，就做個額外的甜點（報價的時候要納入這個小甜點，才不會把利潤全部給那一顆讓人眉開眼笑的草莓）。我在《衛生紙計畫》中介紹過高級訂製服設計師茱莉·安德森（Julie Anderson），她在運送客戶租借的服裝時，總會額外在包裹中放進頭冠、包包，或一雙鞋子，以免客戶臨時想要有其他選擇……而且免費提供。你可以給客戶額外的二十分鐘電話指導；替他們做研究；在花束中多加幾朵玫瑰。只要記得事先做好計畫，你就有時間和金錢來支付這些「做得更多」的手法。

應用低承諾、高達成法則的成功關鍵，就是略為隨機地提供超額服務。九〇%可以超額完成，剩下一〇%則準時完成。碰到緊要關頭的話，狀況自然會是前者——有時候岩漿真的會淹沒街道，龐貝城啊，大家，別忘了龐貝城的教訓！

運用這項法則的高手會早早就完成工作，並且因此安心。還記得那段時光嗎？不用慌張、不用趕、不用害怕。過了童年時期，你可能再也沒有這種無憂無慮。沒錯，這種感覺回來了，而且還會撼動你客戶的世界。管理客戶的期望並且超乎他們的期待，就是培養快樂終身客戶的法則。現在，你田裡又多一顆巨大肥美的南瓜了。

執行案子的時候，如果客戶突然改變想要的東西，低承諾、高達成法則還能讓你保護自己。要是你大大提前做完案子，但還沒有交給客戶，那麼當他找你提出新要求時，你可以直接說：「哦，我正要給你驚喜。我已經做好了。你看。」這樣就不必重做，除非你們對需要修改的地方有新共識。

別忘了，客戶最後還是會用你的行為來評價你，而不是用你說的話。所以，當你低承諾、高達成時，要避免行為太過單一化。偶爾在剛剛好的時間點達成承諾（換句話說就是準時交案），但多數時候做到更多或提早完工。如果你每一次都超額完成任務，對方會開始期待，當你往後沒達到這種標準（就算你本來就低承諾）的話還會不滿。

公開你的獨門醬汁配方

這邊還有另一條我希望大家能打破的規則，那就是「把獨門醬汁藏起來」。曾幾何時，公司都認為商業秘密必須被當成軍事情報一樣來保護。這很聰明，因為在古早時期，只要把自己籠罩在神秘之中，就沒有人能複製你的產品或服務，讓你比別人佔有更多關鍵優勢。

但現在呢？多虧偉大的網際網路讓一切趨於平等，所有大家想知道的事通通在網路上，只要點擊幾下就能獲得。我是說真的「所有事」（顯然連軍事機密也不例外）。最近，我參加以前大學兄弟會的聚會。活動前，我才發現我已經忘了有幾世紀傳統、超級神秘的握手方式與通關密語。兄弟會裡從來沒有人寫過這些東西（怕會被偷）。我心想，管他的，然後上網搜尋。我不僅找到相關文件，還找到一支示範如何握手的影片。已經沒有任何事情是神聖不可侵犯了吧？

那這對你來說有何意義？這表示，如果你的客戶想打造自己的超音速噴射機，他辦得到；如果客戶想學會製作全世界最美味的杯子蛋糕，他辦得到；如果客戶想知道如何自己修電腦，他也辦得到。資訊都在網路上。

你再也不是獨門醬汁的捍衛者，而是執行者。你替客戶完成這件事，讓這件事變得容易，並且替他們節省時間。你得到所有最棒的原料，用最理想的方式來烹調，端出最令人驚豔的菜餚。即便客戶有能力取得相關資訊並自己動手，你還是可以證明你是打造超音速噴射機、烤杯子蛋糕或修理電腦的最佳人選。

在我們目前生活的世界，大家幾乎都失去專注力——我們被生活壓得喘不過氣，所以尋找最簡單的解決方案、尋找會替我們做事、有時甚至替我們**思考**的那些人。看看紐約這個龐大的外包產業就知道了。從保母到遛狗，再到速食**外送**（畢竟在紐約，誰有時間走到街角的熟食店買東西？），紐約就是個將生活外包的城市。紐約是美國（或世界）的脈動心臟，是我們其他人的極端版本。

多數人不想自己動手做，太花時間了。大家都忙，都有壓力、負擔過重，接收的資訊量也太大。他們想開車到窗口、點餐，然後在五分鐘內拿到晚餐。他們希望孩子接受一流教育，但自己就算努力也無法教小孩代數——所以這些人不可能會濫用你想協助他們、坦誠相待的意願。

但也別當個傻瓜。不要公開分享有利於競爭對手的東西，也不要分享所有知識。只要分享「能證明你有知識」的那種知識就好。

把原本是獨門秘密醬汁的材料，公布在網站上給全世界看（不必是完整配方）。貼到YouTube上或做成傳單，也可以辦一個相關講座或寫一本書（咦？沒錯，我確實幫很多公司用南瓜計畫來調整業務。雖然這本書包含了整份公式，但許多創業者和公司還是找上我的公司協助）。這樣你就能向顧客證明你知道自己的方向，讓他們看出你為何與眾不同。這能讓客戶安心選擇你，因為他們知道你知道什麼（秘密讓人緊張，不是嗎？）。當然，可能有些人會想用你給的資訊來實行，但多數人真的沒時間動手，尤其是他們還有生意要做、有生活要過。諷刺的是，我公開的資訊越多，雇用我的客戶也越多。我靠分享自己的知識與獨特觀點來與客戶建立信任（還記得不變法則與創新領域嗎？）。我希望會自己動手做的人信任我們，也希望想找外包商的人雇用我們。

所以囉，把資訊公開吧！因為無論如何，你的客戶和潛在客戶會自己去找。如果他們先從你這邊得到資訊，你就會先取得他們的信任……這是一大優勢，南瓜計畫的大優勢。

要打破世界紀錄，只需要多一磅

二〇〇九年，俄亥俄州的克里斯蒂．哈普（Christy Harp）打破有史以來最大南瓜的紀錄。那顆南瓜重達一千七百二十五磅！（上網搜尋就能看到照片。她站在南瓜後方，所以你看不到她下半身。說真的，這看起來就像是《疑難診斷》[1]節目照片，或是某本醫學奇觀書籍的章節內容，注解是：巨無霸南瓜腫瘤！）。我寫這一章時，克里斯蒂依然是世界紀錄保持人，但或許紀錄會在今年十月就被打破。克里斯蒂擊敗前一位世界紀錄保持人，也就是住在羅德島（Rhode Island）的朱特拉斯（Joe Jutras）。兩年前，喬的南瓜重達一千六百八十九磅，所以克里斯蒂的南瓜只多了三十六磅。

打破世界紀錄不需要額外費太多苦心，就算多一磅也算。要讓所有客戶將你當成世界頂級、真正的供應商，同樣不需要費太多苦心。即使只比別人好**那麼一點點**，你還是比別人好。而且你會大大獲得回報。只要你在方法、系統、產品或服務上稍做調整，就能吸引客戶注意。我這樣說，是因為不希望你糾結於想出一套精心計畫來打動關鍵客群。親愛的讀者，這不是拉斯維加斯。你不需要伴舞女郎或水舞裝置。你只需要比別人好一點、提供多一點，並在協助頂級客戶解決問題時多一點創意就行了。

每位奧運金牌得主都只比銀牌得主好那麼一點。觀察這些菁英運動員的分數差距，你會發現金牌只比最後一名多個那麼幾分。二〇〇八年北京奧運時，費爾普斯（Michael Phelps）在男子一百公尺蝶式比賽中一度遠遠落後，是第七個碰到牆壁的人。後來他加快速度，追上領先的選手，大會宣布他獲勝時，所有人都嚇傻了，連他母親也不敢置信。他靠〇・〇一秒之差贏得比賽，還連拿了八面奧運金牌——打破史必茲（Mark Spitz）拿下七面奧運金牌的紀錄。

他怎麼辦到的？他比另一個人更早伸手拍到泳池岸邊。金牌和銀牌只有拍一下的差別，〇・〇一秒（好啦，技術上來說算是多划了半圈，但在我看來就像是用手拍了一下）。

你可能聽過費爾普斯，但你聽過另一個傢伙的名字嗎？那個以一掌之差輸給費爾普斯的人？我不覺得你會知道。

---

1 譯注：Mystery Diagnosis是美國實境節目，每集會有來賓帶著自己身上的疑難雜症上門，讓醫師想辦法查清病因。

只是稍微好那麼一點，你就是稱霸全世界的冠軍。而稍微差那麼一點，你就變成沒人記得的「另一個傢伙」。

只要比別人重個一磅、快個一秒，就能讓人驚嘆，而要讓人驚嘆其實不難。做好簡單、單純的事，做你**現在**就能做的事。你才剛替南瓜增加了幾磅而已……很簡單。如果競爭對手通常會在五天內交件，你就四天交件。要是競爭對手推出超級辣醬，那你就做一款更辣、**超級**辣的辣醬。如果競爭對手給十年保固，你就給十二年。

就算沒有把南瓜種到像房子那樣大也能打破世界紀錄。你只需要一磅。

執行計畫——在30分鐘內行動

1. 制定一個「最愛的客戶」政策

我會為自己最愛的客戶拋下一切。就算我正在跟另一位級別較低的客戶通話，我還是讓頂級客戶插播。花點時間想想，你的公司要如何將頂級客戶群當成ＶＩＰ一樣對待。讓你的團隊清楚知道這項策略，然後立即實施。

2. 制定低承諾、高達成的策略

審視你手上的案子、產品與服務，思考該如何針對這些東西設置低承諾的「微小因素」。然後，想一想如何額外做一些事來讓客戶驚艷。然後，看看你重複提供的服務，想出一個新的時間表讓你能夠低承諾、高達成。

☑ 實踐計畫──在「製造業」種出大南瓜

你擁有一家釀酒廠，沒錯，我知道你美夢成真了，但我要你先**放下**酒杯、專心一點。我們要用南瓜計畫來調整你的企業了。

你在一間中等規模的建築物裡釀造啤酒，在當地小啤酒廠的市場中佔有小小的地位，而這個市場相當競爭。你試著讓大型經銷商來推銷你的啤酒，但他是靠賣大品牌的啤酒來賺錢，所以就算你真的沒剩多少利潤，為了吸引經銷商還是只能做一件事，那就是降價。起初訂單確實增加，你也比以前更忙──沒有賺到多少利潤，但你認為最後一切都會打平。

只剩這個小問題：你沒辦法**繼續**降價。已經沒有降價空間了。所以，當你最大的五個競爭對手又降價時，你就完蛋了。突然間新客戶減少，經銷商也拋棄你，你只剩那些合作很久的老主顧，那些餐廳跟酒吧。他們現在付給相同啤酒的價錢也更低。

所以，你決定用南瓜計畫來重整你的業務。首先，你填寫評估表，找出手上的頂級客戶。刪去新的、尋求低價的客戶，你發現不需要解雇員工，所以你把心思全部拿來進一步瞭解客戶。

你一般是靠餐廳來推銷產品，但你跟客戶真的沒有太多互動。所以當你打電話給他們，表明想見面談談時，他們似乎很樂意。談話中，你發現他們真的很愛你的啤酒，但他們真心希望你的公司能跟他們更密切合作，替他們的餐廳推出專屬啤酒。

你帶著這個小道消息回到公司跟團隊分享，你們發現這完全符合你們的特殊優勢。頂級客戶希望與你一起開發出專屬啤酒，你喜歡研發新口味，而且也很擅長。一旦你推出新的啤酒，就能輕輕鬆鬆不斷製造。你帶著新的合作計畫回去找客戶，並詢問他們的意見。他們給了一些很有用的建議，你也據此調整計畫，當他們問：「那我們什麼時候開始？」你就知道方向對了。

六個月內，你總共替每一位頂級客戶開發出五款新啤酒。客戶超興奮，他們很享受研發創新的過程，也很開心終於有**自己專屬**的啤酒。所以他們開始推銷這些啤酒，很快，新啤酒銷量就超過你的舊品牌。於是，你將其他低利潤的啤酒產量減到最低，並且刪去相關的成本與開銷。

接著，你從未想像過的事情開始發生了。來自餐館的啤酒訂單成長為五倍。你問：「怎麼會？」餐廳不僅將啤酒擺在菜單中最醒目的位置，還鼓勵客戶外帶餐點時買一手啤酒回家。其中一家餐廳還在菜單上用你的啤酒來搭配料理。太酷了！以前都是用食物來搭配啤酒或葡萄酒，現在竟然反其道而行，用你的客製化啤酒來搭配菜餚。

最後，你想出將這整段合作過程系統化的方法，所以現在能與全國各地的其他餐館合作，替他們的賓客創造專屬啤酒。你開始收合作費，並跟頂級客戶分紅。

由於你已經很熟這段流程，大家都將你譽為優良合作廠商，現在連其他國家的餐廳也來接洽合作：像是活動企劃公司想在辦大型派對時更有創意，公司企業也在尋找有趣的點子。此外，你還推出獨家啤酒來行銷電影，並跟知名連鎖餐廳合作。要創造某個場合或活動限定的專屬啤酒，大家第一個都會想到你，而你賺飽飽的戶頭就是最佳證明。

第八章

找出頂級客戶的願望，讓他們驚豔

技巧性地詢問他們的疑慮、不滿，
並且納入願望清單，
你就有機會在其中一個領域取得壓倒性勝利。

還記得約翰嗎？就是在科羅拉多州搞太陽能系統的傢伙。就我們目前所知，在安裝太陽能板這個**極度**飽和的產業中，約翰用南瓜計畫種出一顆巨無霸南瓜。當他停止安裝太陽能熱水系統時，業務就衝破屋頂了（一語雙關），因為他把特定族群的客戶砍掉。這些客戶本身沒什麼問題，卻大幅佔用了約翰的時間**並**掏空他的利潤。不過，讓約翰收穫甚豐的的培植季節還沒結束。他搞清楚是什麼讓潛在客戶最失望，並且採取應對措施之後，業務規模變得更龐大了。

約翰知道，政府在杜蘭戈（Durango）提供轉為使用太陽能電力的人兩套不同的退稅方案。這些方案能替他的客戶在安裝太陽能系統時省下大約六千美元。這套系統的價格可能超過兩萬五千美元，他知道很多潛在客戶想安裝太陽能電力板，但手上卻沒有足夠的預付現金。

約翰認真聽取客戶與潛在客戶的意見、提問，並記下他們對這個產業的不滿與抱怨，接著又做了一些考察。他長期關注國內其他地區的太陽能供應商，有些區域的太陽能電力板覆蓋率更高。經過一番研究，他發現北加州的幾家太陽能公司運用一些策略，讓市場擴大到富裕的客群以外，讓通常無法負擔的人也能使用太陽能。約翰決定要在科羅拉多州試試看這項策略。

這是種南瓜的小魔法：對其他農民有效的，對你來說通常也會有效。要是你用一次有效，那第二次也會有效。約翰懂這個道理，所以當他發現退稅方案在其他市場有效時，就深信該方案在他的區域也會有效。這不需要思考。

約翰有大約五萬美元的現金儲備，他發現自己或許能代墊這一筆六千美元的政府補助，讓某些客戶先拿到補助款，藉此有效解決許多潛在客戶的抱怨：手邊現金不足。「我開始按照州政府與地方補助方案的金額來提供客戶臨時借款。」約翰解釋：「政府補助只需要幾個月就會下來。我會填寫所有補助所需的文件，補助支票則直接寄給我，所以一點風險也沒有。」

太聰明了，真正的南瓜計畫天才。

傾聽客戶與潛在客戶的疑慮、願望以及不滿，這讓約翰找出讓客戶驚豔的絕妙機會，並大幅擴展公司業務。他觸及一群全新的客戶，他們在各方面都符合頂級客戶的條件，但資產還不夠付約翰提供的昂貴服務。

重點在於，約翰不必花幾個月去思考如何解決問題，也不用花好幾年去測試產品。

他單純發現了客戶提出的不滿和顧慮，並仔細聆聽他們的願望。所以當機會出現時，正確的選擇自然就會出現。你看，運用南瓜計畫的創業者之所以成功，並不是因為有更好的答案……而是因為懂得提出更適切的問題，能切中要害。辦到這點，答案就自然浮現。答案，**最棒的**答案會不言自明。

約翰的客戶感覺自己受到了特殊待遇，好像這家公司在支持、照顧他們，並替他們額外付出一些心力……因為約翰**確實**如此。而這些創新與關照客戶的策略，讓約翰種出鎮上最大的南瓜。

在我自己的南瓜計畫中，最有效的策略叫「願望清單」。我會跟頂級客戶面談，了解他們的想法：有哪些希望我的公司和產業改變的地方、有哪些我能替他們做的事或是賣給他們的東西、有哪些問題希望有人（任何人）能解決、有哪些能讓他們工作更輕鬆的事，還有哪些事情能協助他們成長。然後，我會盡量扮演神仙教父的角色，滿足每個客戶的願望。

比方說，我的第一家公司奧爾梅克原本以小時計費。與頂級客戶面談時，有幾位都說：「我們不曉得你們提供的是什麼服務，我們不了解。所以我們不曉得這個價格合不合理。」那時，我們就把收費方式改成統一的月費，客戶超級滿意。如果以小時計費，他們不曉得如何比較其他公司的服務，也不知道自己找人過來做同一件事會不會比較省錢。他們搞不清楚，因為他們不確定我們到底提供了哪些服務，而且他們其實也不真的想知道，而只想把電腦修好。有了這個新的統一費率，他們就能分析成本，只要兩分鐘就能算出來。「假如我們請個正職員工來做奧爾梅克的工作，要花七萬五千美元；要是繼續跟奧爾梅克簽約，只要花四萬五千美元。」

不過，你沒辦法滿足所有人的所有願望……你必須回顧之前我們畫的那個甜蜜點圖表，看看滿足願望是否有道理。

願望清單就像一張通往寶藏埋藏地點的地圖，在每個抱怨和瘋狂的、「不可能」的請求背後，都有機會能讓你做出創新的區隔、成為產業中的霸主。約翰沒有忽略那群比較不有錢的客戶，而是傾聽他們的需求，替他們的主要顧慮想出解決辦法（創新），成為唯一解決這個問題的太陽能板公司（做出區隔），並且進一步壟斷中產階級的市場（稱霸）。

爆炸性成長的關鍵，就是與競爭對手在每個領域都有合理、不相上下的競爭關係，並在其中一個範疇取得壓倒性勝利。真的就這麼簡單。除了那一件事，你的其他事情都要在合理的中庸範圍，但你必須對那一件事全力以赴，要比別人重一磅。要去解決某一個關鍵問題，要比別人快一秒。做到這一點，對客戶來說你就是唯一選擇，是最高端的標準。客戶的願望清單，就是讓你達到這點的秘密武器。

沒有「客套話」的客戶訪談

詢問客戶的願望清單上有什麼時，他們可能會嚇到。這時你不用太訝異。因為這不是典型的廠商「回饋」電訪。你知道我在說哪種——銷售顧問打電話來，想知道「他們表現的如何」，但其實沒有真的在聽你說話；或者，電話快講完的時候，你才發現原來他們想推銷東西，是在浪費你的時間。我最喜歡以下的版本，一個剛幫過你的人說：「掛電話之前我會進行滿意度調查，我想確保自己能得到五星評價……我剛才的服務值得五顆星嗎？」拜託，不要鬧了！不要把那種愚蠢的思想控制手段用在我身上。我想讓電話那頭的蠢蛋知道：如果你還得問我有沒有五星服務，那你猜呢？當然是沒有！

他們有極少數情況可能是想得到你的回饋，但九次中有九次（沒錯，你算算看機率是多少），他們也不會照著你的回饋來調整行動。

南瓜計畫的「回饋」訪談其實不是真正的回饋電訪。你甚至不會問怎樣服務他們會更好，因為他們可能也不會表達。無論他們說了什麼，其實都不是完整的真心話，而是真假摻半。面對現實吧，多數人會為了避免傷害你的感情、迴避衝突，而不願意表露內心真正的想法；或者，他們會很困惑，因為他們還沒想到你該如何提供更優質的服務。如果直接在跟客戶訪談時請他們「替你的表現評分」，他們通常會給高分，還會跟你講個十五分鐘、握握手。

願望清單其實與你無關。重點不在於**你**能如何改進、**你**有多偉大。願望清單是關於你的客戶，以及他們需要什麼才可以種出自己的巨無霸南瓜。

與客戶面談時，請詢問關於你這個產業的問題，不要問關於你公司的問題。針對客戶的願望、挑戰、長短期目標來提問。你的問題必須與你公司**沒有**直接關聯，而且能讓你進一步了解對方業務與產業。為了讓你有點頭緒，這邊提供幾個我跟客戶面談時會提出的問題：

1. 你對你的產業的主要不滿是什麼？對你的客戶？對其他廠商？
2. 如果能輕鬆辦到，你會對這個產業做什麼改變？對你的客戶？或其他廠商？
3. 你目前最大的挑戰是什麼？
4. 如果你想要每天提早一小時完工，那需要改變些什麼？
5. 你想在近期達成什麼目標？
6. 你希望在五年內達到什麼目標？十年？二十年呢？
7. **我**所在產業的供應商有哪些地方最讓你不滿？你希望我們這個產業的廠商能調整哪些做法？
8. 如果你能調整我這個產業提供的產品或服務，藉此更符合你的需求，你會改變什麼部分？
9. 我這個產業最令人困惑的是什麼？
10. 你希望我這個產業的供應商**會提供**什麼？

請記得，你的工作不是向客戶推銷任何東西，或甚至是承諾他們你會想辦法解決他們的問題。你只是想進一步了解他們，更清楚他們在乎的事情。你是在尋找想法的火花……一個讓你反思的契機，然後找到關鍵解決方案進入下一階段。與多位頂級客戶訪談時，要在他們的願望與抱怨中找出趨勢或共同主題。現在，你只要先感謝他們的時間與洞見，因為你今晚還得腦力激盪想一想。跟下一位客戶進行訪談，詢問同樣的問題、找出模式，並想出解決方案！

問出這些問題（還有其他你想得出來的問題）的答案，你就有客戶的願望清單了。這就像免死金牌，如果你能突破他們的想像框架、替他們解決關鍵問題，他們就會愛上你，還會跟你做生意，很久很久都不變心。

問自己更棒的問題

大腦總是努力尋找答案，替你提出的問題尋找解決方案。這種行動通常是發生在潛意識。你問自己一個問題，大腦會開始自行運轉。然後呢，通常是在你最不方便的時候，比方說洗澡時、或手邊剛好沒有紙跟筆時，答案會突然從腦海中彈出來。你一直在大腦深處最黑暗的區域研究、思索這個問題，然後新方向就突然意外出現了。這有點像你突然發現去年萬聖節的巧克力棒就夾在沙發坐墊中間。你沒想到會突然找到，但天啊，就在那裡。太讓人喜出望外了！

關鍵在於，大腦會自動去處理所有你提出的問題。好的、壞的，或是無關緊要的……大腦都持續運轉思考。你必須對自己提出的問題非常有意識，因為問題的好壞會直接影響答案的品質。

如果你問：「為什麼我一直在掙扎？」大腦會說：「因為你爛。」好啦，大腦通常會給出很明確的答案，例如「因為你教育程度不夠」或「因為你錢不夠」，或者「因為你不擅長銷售」。

反之，如果你問：「要怎麼樣才能成功？」大腦會想出答案：「試試看這個，做做看那個……。」如果你持續提出能讓自己成長的問題，大腦也會提出有正面效應的答案，讓你想出解決辦法向前邁進。運用南瓜計畫的人會持續提出更好的問題、得到更好的答案，最後得到更好的結果。

我原本創辦黑曜岩顧問公司（Obsidian Launch），目的是協助新公司的業務上軌道。這項業務重點後來轉變成行為網絡設計，也就是協助公司推出產品與服務，讓公司業務能爆發性成長，因為我一直在問：「我能給客戶什麼，來替他們帶來最大效益、最多利益，同時又能讓我輕鬆複製這套模式？」因為我對自己的提問越來越好，也吸引到更棒的客戶。我原本都跟那些疲憊不堪、窮途末路的創業家合作，但他們既付不起我的顧問費，又無法投入成功所需的時間與精力；現在我跟積極向上、專注奮鬥的創業家合作，希望將產品、服務或公司帶到更高的全新水平。

要非常有意識地了解你對自己說的話。提出更棒、格局更大的問題，就能得到更棒、更宏大的結果。

神奇金句：這要多少錢？

針對客戶的願望清單開發出新產品或新服務時，你的下一步是看看這些新變革有沒有切中要害。與其將產品或服務拿去銷售，不如尋求客戶的意見。打電話給頂級客戶，問他們：「我正努力改良服務或產品，但不確定好不好。我不知道就是不知道，我沒有要推銷或宣傳。我可以請你喝杯咖啡，然後從你那邊單純聽到一些建議嗎？不會超過十五分鐘。」

這項策略之所以有效，是因為你告訴他們：「我將你當成權威，當成有珍貴知識的人。」我告訴你，多數人都無法抗拒。你跟客戶徵詢意見耶，太棒了！他們喜歡被當成專家（大家都是），當你真誠地尋求建議與指導，而非企圖銷售**任何東西**（什麼都不行）時，他們會發自內心地快樂、並覺得自己很重要。更重要的是，你也得到針對產品與服務的重要回饋，而且是直接來自客戶！如果你無法引起他們的興趣，你也會直接知道，因為他們不會跟詢問更多。這真的很簡單：如果客戶喜歡你的想法，他們會請你報告後續發展，或是問你這個東西要多少錢……他們會追著你跑。如果他們沒有，那就謝謝他們撥空跟你談，然後重新腦力激盪。

創業之前，史考特（Scott Weintraub）對潛在客戶的願望清單有很不錯的概念，他和生意夥伴傑佛瑞（Jeffrey Spanbauer）在製藥產業從事品牌管理與行銷多年之後，決定一起告別公司體制。他們對大型製藥公司在行銷與銷售方面的挑戰瞭若指掌。

有一天，史考特在他的海濱別墅裡向我解釋：「你如果當製藥公司的產品總監或行銷副總裁，產品的表現差異通常會讓你很沮喪。一個產品在波士頓的市佔率可能有二〇%，在達拉斯有五%，在聖路易只有二%……差異很大。尤其是當你行銷的這支藥物能帶來五億美元營收，那你就更氣餒了。你會說：『真希望我能搞定達拉斯的市場啊！』但你就是**不曉得**該怎麼提升達拉斯的市佔率，所以你對全國市場都用同樣的行銷方式和工具。」

史考特和傑佛瑞在輝瑞（Pfizer）任職時，試著建立一個區域行銷部門來解決這個問題，但沒有成功。所以在公司縮編、他們被裁員的時候，他們決定創辦自己的公司。他們在一位天才數學家的協助之下，開發出一套獨有程序，能讓製藥公司看出全國各地區最強大的銷售驅動力是什麼（你看，書呆子的力量能有多大貢獻）。

史考特指出：「大多數公司的業務都遍佈大約一百個地區，所以我們現在能告訴你，在波士頓，你需要心臟科醫生對家醫科醫生的影響力；在洛杉磯，你需要調整藥品價格；在芝加哥，關鍵在於要花時間與最重要的醫師相處；在亞特蘭大，你需要把焦點擺在非裔美籍患者的身上。」同一個產品在不同城市需要用不同的行銷方法。

聽起來就是致勝關鍵，對吧？如假包換的大西洋巨人種子。確實如此，但這個故事裡我最愛的一點，在於史考特跟傑佛瑞是如何拿著**自己的**願望清單，回去找同事，然後請他們提供對產品的建議。他們跟二十幾個品牌行銷人員（他們認識的人，以及認識的人介紹給他們的人）分享這份願望清單。

「我跟朋友和前同事討論，說：『我想成立一家這樣的公司，請問有哪些部分會幫到你，哪些部分沒那麼重要？』我給他們看一份標準的簡報，然後請他們提供回饋。他們會說：『這邊改一改，那邊說清楚一點。』於是我們持續調整、修改，再回頭徵詢更多意見。最後，我把最終版本給一個朋友的朋友看，他說：『這個太棒了，要多少錢？』我們那時就知道自己方向對了。」

這要多少錢？朋友啊，這就是神奇金句！

客戶或潛在客戶問「這要多少錢？」的時候，你就知道他們想要你提供的東西了。現在，你能把自己打造的新產品或服務全力推向市場了。

故事到這一階段，史考特與傑佛瑞才真的大有斬獲。史考特說：「傑佛瑞跟我說，他朋友威爾要他打電話給賽斯，還直接把電話給我。然後我打電話給賽斯，說：『我正在考慮成立這樣一家公司，威爾說我應該打電話跟你聊聊，你可能會給我一些建議。我方便去拜訪你，順便跟你聊聊我的想法嗎？』」

我太愛這個故事，快忍不住直接說出結局。我努力忍住，不想爆雷……。賽斯的助理回電給史考特。（史考特說：「這應該是個線索。」）助理請他選擇禮拜二或禮拜四，然後問他想在哪個辦公室碰面，是要在布倫斯瑞克（Brunswick）還是布里奇沃特（Bridgewater）。（史考特笑著說：「這應該**也**是個線索。」）

我快忍不住洩露結局了……。

碰面當天，史考特抵達嬌生集團的大樓。他搭電梯上樓，一進大廳就知道自己來到總裁辦公室。「地毯的絨毛比較長，木紋鑲板也真的是用原木做的。這不是開玩笑。這應該一樣也是個線索。助理帶我走進辦公室，把我介紹給賽斯，賽斯把名片遞給我，上面寫著『賽斯．費雪（Seth Fischer），嬌生製藥公司董事長』。」

沒錯，**董事長**。在史考特與賽斯握手之前，他不曉得自己會見到這樣一位大人物——這麼位高權重的人物。他只要「點頭」，史考特與傑佛瑞的一切就會出現劇烈轉變。

故事的結局是什麼？

結局超精彩，真的。我讓史考特娓娓道來吧……。

「我在簡報中播了五張投影片，然後賽斯說：『你介意我把行銷副總裁叫來嗎？我想他應該會對這個有興趣。』他拿起電話：『嗨，鮑伯，我是賽斯。你能到我辦公室來一下嗎？』鮑伯進來的時候，賽斯說：『鮑伯，這是我**朋友**史考特，他正在講一些你會很有興趣的東西。史考特，能麻煩你重講一次嗎？』我重新講完那五張投影片，鮑伯說：『賽斯，這就是我們一直在討論的東西，你是從哪裡找來這位先生的？』我又放了五張投影片，最後鮑伯說：『你能再來和我們的兩個品牌團隊見面嗎？這是他們**需要**的東西。』這時我突然意識到：我們找到方向了。能做購買決策的關鍵人士，真的會對這個東西感興趣。」

史考特與傑佛瑞立刻採取行動，推動醫療保健區域行銷公司（Healthcare Regional Marketing）。

在公司成立的前三天，他們就跟嬌生還有兩家大型製藥公司簽了五十萬美元的合約。

創業第二年，他們創造四百萬美元營收。

去年，也就是他們的第四年，他們累積了一千四百二十萬美元。

首先，史考特與傑佛瑞根據他們自己替這些公司工作的經驗，直覺判斷潛在客戶的願望清單裡有什麼。然後，他們創造出一項產品，解決所有製藥公司會碰到的市場差異問題。最後，他們向同事與同事的朋友徵求意見，直到打造出一項讓潛在客戶期待到想當場買下的產品……史考特與傑佛瑞根本不用浪費力氣去銷售。

我們想的是一樣的嗎？讓我們一起說……太聰明了。

再一次。

太聰明了。

市場區隔的關鍵：貼上專屬標籤

消費者會用標籤來快速鑑定自己購買的東西。如果客戶在你身上貼的標籤，跟貼在競爭對手身上的標籤一樣，那你就沒希望了。因為你完蛋了。你身上的標籤跟競爭對手一樣時，就代表客戶或潛在客戶幾乎看不出你們的差異——當然前提是他們有能力分辨。你自己或許也會貼標籤，給合作廠商一個通稱：接電纜的人就叫電纜師傅，修汽車的是汽車師傅，還有經紀人、企業顧問、律師，什麼職業或身份都好……這就是所謂的標籤，會將你放進一個通用的類別中，讓客戶與潛在客戶迅速了解你的服務內容。問題在於，他們都把你跟競爭對手擺在同一個類別。對你的客戶來說，你跟那些好的、壞的和可悲的廠商都一樣。如果客戶用一個已經確立的標籤來定義你，就表示他們對於那個標籤已經有一套預設概念。

讓我舉一個專業工作標籤的例子。幫你修電腦的那個男生或女生，你都怎麼稱呼？我幫他取了一個很妙的名字，就是「電腦先生」（你想偷去用也可以）。市面上有很多修電腦的人，也有很多修電腦的公司，你可以隨時去找。但還有一家「百思買怪客軍團」（Best Buy's Geek Squad）。從本質上來看，怪客軍團就是一群專門修理電腦的男男女女，但顧客卻不這麼想，認為他們就是怪客。你會問這個名字代表什麼？代表一切。百思買在公司名稱中用了「怪客」兩個字，將他們的電腦維修人員與其他修電腦的人做出區隔——不只是普通人，而是怪客、書呆子、**專家，是大師**。然後呢，在名稱中加入「小隊」兩個字，顯示出迅速反應力，因為他們隸屬一支有組織的部隊。

這種形象不僅限於標籤。電腦怪客小隊還用具體行動來強化這個標籤：怪客們身穿長度及腳踝的九分褲，口袋插著筆，還開著福斯金龜車，車身塗漆看起來就像警察小隊。他們用這種方式，進一步強調名稱中隱含的特質。如果只是想隨便找一個「修電腦的人」，你可能會選擇收費最便宜的選項。例如隔壁的小伙子很會修電腦，但買不起一手啤酒，那你可以買一手啤酒給他，請他幫你排除軟體問題。這樣一來，你何必花大錢去找艾客美（Acme Computer）的電腦專家來做呢？不過，假如你有緊急的電腦問題（那種堪比國家級警戒、攸關生死的），你就不會想找隔壁小伙子，或者只會處理大型主機的退休老頭。你想要的是一位超級先進、一流、穿著超級英雄內褲的書呆子來解救你。比較一個修理電腦的傢伙跟另一個修理電腦的傢伙，就像是蘋果比蘋果。但將修電腦的傢伙跟怪客小隊成員比較，就像拿阿G探長（Inspector Gadget）比詹姆斯・龐德（James Bond）。當我因為電腦問題而開始慌亂時，我就會求助於書呆子。每次都一樣，不管收費有多高。

如果你被貼上電腦先生的標籤，潛在客戶就會覺得你跟其他人一樣。「我已經有一個電腦先生了，不會把他換掉，除非這個新的傢伙（就是你）的價格更優惠。」說到底，你們兩都是修電腦的傢伙，不是嗎？這就是為什麼客戶在你跟競爭對手之間選擇的時候，最後都只會考量價格。

你可以用一百種方法來辯證其他修電腦的人比怪客小隊優秀。這我應該也能體會，因為經營奧爾梅克的時候，我也算是其他修電腦的人……而且我比較好，因為我能處理更複雜的問題。但我的客戶並不在乎。客戶沒有辦法花幾年或幾十年的時間，用你的方式來了解你的技術和專長。所以身為一位顧客，你會去尋找最明顯與容易理解的差異。你做的決定通常是基於不到百分之一的資訊，因為你必須這樣做。如果你想迅速讓客戶知道你跟別人差在哪裡，就要修改自己的標籤。不要讓自己跟其他人被歸在同一個類別。

如果你能讓客戶和潛在客戶替你貼上不同的標籤（不單只是**為不同而不同**，而是因為你**本來就**獨一無二），你就能讓客戶一眼看出你的獨特之處，並且選擇你的服務而非競爭對手。沒錯，要是做得夠好，價格就不是重點。你的服務費用也可以因此比其他人更高，賺到你應有的報酬。

史考特與傑佛瑞開始籌組自己的公司時，他們知道，如果自稱製藥公司的「行銷專家」，就會被當成眾多顧問公司的其中之一。所以，他們把握產業的主要難題並找出解決之道，將其轉換成做出「市場區隔」的關鍵。他們正式營運時，名稱是「區域行銷專家」，這個新名稱讓他們的競爭者趨近於零。他們知道自己能成為一般、還不錯的行銷顧問，或是變成全國最棒的**區域**行銷顧問。而我認為，有辦法在四年內賺到一千四百二十萬美元，就證明他們做對了。

道理相同，約翰．蕭不只是一位平凡的「太陽能供應商」，而是以平等機會提供太陽能的廠商。他把客戶的主要困擾（缺乏預付款）變成一個解決方案，讓社區中幾乎每一個想要太陽能的人都有辦法取得。自從他開始替客戶申請補助、提供頭期款融資之後，蕭氏太陽能公司已經替客戶爭取超過二十五萬美元的補助和退稅。這就是約翰與其他人的主要區隔。

你已經知道如何運用客戶的願望清單，來讓你的目標客群更精準、找出更能賺錢的區隔因素了嗎？很棒，我知道你有仔細讀這本書。

你不可能有能力（或渴望）去一一滿足客戶願望清單上的每一項。這也沒關係，真的一點關係也沒有，因為你只需要在一件事情上成為世界第一就好，這就能讓客戶趨之若驚。你的目標是在甜蜜點的範圍內行動，而不是在舒適圈之外。不是每個好的商業想法對**你的事業**都能有成效。

當然，你絕對能利用願望清單來思考「如何提供頂級客戶滿滿的愛以及優質服務」，如果你知道他們渴望什麼、對什麼不滿，就更能替他們找出機會。不一定非得由你的公司來解決問題，如果你發現對他們有幫助的服務或東西，不妨牽線介紹。要盡全力協助客戶成功，讓他們又驚又喜，要撼動他們的世界。你投注在他們身上的愛總有一天會帶來回報。

執行計畫──在30分鐘內行動

1. 擬定你的面談問題清單

用自己的清單為靈感來源，製作一份問題清單，就能在與客戶坐下來面談時訪問他們。你真正想知道客戶的什麼？別忘了，請將重點百分之百擺在他們身上，你不是主角。不要直接問你的公司表現如何（他們不太可能據實以告）。以你這個產業的概況為出發點來提問；也不要提出銷售問題或是暗示性問題！讓他們暢所欲言……每一句話都價值連城。

2. 尋找共同點並且推動創新

訪問幾位頂級客戶之後，找出他們願望清單中的共同點。他們是否對自己的產業有類似的抱怨？他們是否都在尋找同一個問題的解決方法？如果你能找到方法來解決該問題，或讓他們的生活更輕鬆、業務更賺錢，那你的美夢就要實現了。

3. 徵詢建議

如果你決定創造一樣新產品或提供新的服務，來解決頂級客戶的抱怨與不滿，那就打電話給他們尋求建議。沒有徵詢客戶回饋，就絕對不要推出新產品或服務。他們喜歡你的東西一定會讓你知道……你甚至不用主動問；他們覺得有地方需要調整，也會告訴你；他們要是認為這個東西沒什麼價值，他們會很有禮貌，而且不會再提到相關的問題。所以囉，你能輕鬆看出新產品或服務是否能推出試用了。重點在於徵詢意見。

☑實踐計畫——在「科技服務業」種出大南瓜

你是一位網頁設計師，但不是電腦怪客那種，而是超級時髦有型、音樂播放清單超酷炫的那種。好囉，放下手中的公平交易咖啡、關上蘋果電腦，我們要用南瓜計畫來重整業務了。

你自由接案，目前大概有二十幾位客戶。你每天工作十六小時，每週工作六天，週日總是累到不行。收入其實還不錯，但你停不下來，因為你永遠不曉得客戶什麼時候會取消或延後某個案子。所以你不斷接新客戶，已經忙到不行但還要接更多，心想這生活最後會達到平衡……希望能在死前達到。

填寫完評估表之後，你發現自己大概有四位頂級客戶，加上至少十位必須斬斷的爛客戶。你把裡頭最糟的那批客戶趕走，然後在收入馬上增加時，開心地發現南瓜計畫真的有用。你有更多時間跟更好、開價更高的客戶合作，你有空時他們也會自己找你。不過，你知道自己還需要擺脫一些人事物——你打算等到跟頂級客戶面談之後再採取行動。你認為，在掌握頂級客戶的願望清單之後，可能就會找到**最理想**的方式來擺脫剩下那些有問題的客戶。

結果，你的頂級客戶全都是那些擁有大量網站的公司，這些網站結合了社群媒體以及商店。你坐下來跟客戶訪談時，發現他們最大的抱怨在於必須要自己一直上傳所有新的內容，這實在太忙了。

回到清單上剩下的那八個有問題的客戶，你發現他們都是那種小型、事必躬親的客戶。所以你決定不再提供這些公司服務，他們只是想「上傳一點東西」然後自己管理。面對現實吧，他們可能會**認為**是自己在動手做，但其實並**不是**他們自己做的。他們打電話跟寫電子郵件給你，做出各種提問跟要求。你是個好人，一直回應他們。但現在不一樣了！

低報酬、高服務的客戶離開之後，你就專注提供頂級客戶優秀的外包服務。你按月收取固定費用，而不是以小時計費。他們開心爽快地付錢，因為他們不必自己去摸索每一件事，也不必擔心找你要花多少錢。然後，你在有需要時找了幾個兼職的新人，來幫忙處理簡單的工作，你則把時間跟精神拿來幫每一位客戶設計、維護極具優勢的網站，以及管理客戶和進行南瓜計畫的其他工作。

現在，就算花錢聘請小幫手，你賺的錢卻比以前多，頭痛也比以前少，有更多時間來享受人生（這想法也太棒了吧）。

你跟頂級客戶聯繫，請他們介紹廠商。有家商業服務公司負責替你的兩位頂級客戶管理信用卡交易，你跟這家公司的代表面談時，發現他們所有客戶（包含你們的共同客戶）最大的抱怨，就是在網頁上架設「訂購表格」的方式。你發現好像稍微調整一下，就能防止交易損失或出錯。要是交易損失或有誤，商業服務公司就會賠錢，同時**也會**惹惱客戶。所以你想出一份新表格來滿足雙方需求。商業服務公司的人非常高興，就寄了一封電子郵件給資料庫中的所有客戶，鼓勵他們與你聯繫，讓你替他們的網頁建置合適的表格。沒過多久，就有好多人來信詢問，你也有權力自己挑客戶了。

接下來，你開始制定低承諾、高達成計畫。首先，你答應會提供一份基本的月度網站流量報告，裡面只有每日活動基本概要，沒什麼特別的。然後，你在客戶意料之外提供了免費、詳細的月度績效報告，讓他們知道誰、何時、從哪裡買了哪些產品，甚至還推薦他們下個月應該要重點促銷哪些產品。他們又驚又喜，現金也立刻滾滾而來。

第九章

讓客戶帶領你，大幅提高成功率

如何精準推出新產品或新服務？
用內線策略，讓死忠客戶成為你的翅膀。

如果你能精準預測有多少人會購買你的新產品或註冊你的新服務，而且誤差範圍極小，那會如何？如果你能在開發新產品或新服務之前，就建立起一個會協助你推廣宣傳的社群，那又會如何？如果你能確定每次，我是說真的**每次**，你推出新產品或新服務時，都知道絕對不可能會失敗，那會是如何？

去他的「如果」。

因為你根本就做得到。

這段過程還滿一目瞭然的。一點都不神秘，也沒有什麼花招跟廢話。你只需要讓客戶群體直接影響產品與服務的開發、推出與行銷就可以了。過程結束時，你會有一個客戶早就想要的產品（因為是他們自己打造的），而你的其他策略也都會船到橋頭自然直。我將這個招式稱為「內線策略」，因為你讓客戶有機會了解公司內部營運狀況，你也有機會了解他們的想法——這就是最有效的共同創造行為，就像太陽會照顧南瓜或任何生命的大部分成長過程，客戶、潛在客戶與供應商集結而成的社群，就像是你企業的太陽，提供成長茁壯、不斷長大所需的能量。讓太陽閃耀吧！

內線策略不只是找出方法來行銷你的產品，還能帶來其他好處：

- **讓產品開發更創新**：你越契合這個社群的需求、願望和想法，就能創造出新的產品或服務，而沒有他們的投入你也不可能會有這些新點子。
- **替你節省成本**：因為你能預測產品或服務的銷售量有多少，就能避免推出或行銷一些沒有人真的想要的東西，或是浪費資源把產品修改到他們想要為止。
- **塑造你的品牌**：藉由讓更多客戶成為內線，讓你越來越了解他們，你就能更清楚知道自己的品牌對他們來說有什麼意義——他們為什麼喜歡你？你代表什麼？他們為什麼一直回頭？
- **提升客戶忠誠度**：讓客戶參與產品或服務的開發，他們就會覺得自己很重要、很**有意義**。當他們**因為你的公司**而覺得自己有意義時，就會永遠忠誠，至少忠誠到他們沒有這種感覺為止。
- **使客戶主動介紹**：你的內線最後會促銷他們協助開發的產品或服務。他們跟朋友聊天時，不會再說「你看**這家公司**的產品有多酷」，而是「你看**我**做的這個東西有多酷」。

關於這項「簡單策略」，我想提出特別要注意的一點：如果你沒有實施南瓜計畫的**其他部分**，這項策略對你來說不會有太大效果，還可能完全失敗，讓你在過程中瘋掉。這項策略可能失敗的**關鍵點**，在於：你一直迎合各式各樣找上門的客戶（而不是專注培養頂級客戶）；你還忙著應付各種需求（而不是專注發展一個集中、縮小範圍的服務，並以該定位來建立團隊）；你還緊抓著稻草（而不是種植你專屬的大西洋巨人種子）。這樣一來，實施內線策略只會害你走上不同道路，卻是相同結局——抵達瘋狂鎮，或者所謂的世界破產之都。

我知道聽起來很殘酷，但這是事實。本末倒置時壞事就會發生，所以你要跟我保證，在你確實執行南瓜計畫的其他步驟前，不要使用這項策略。

我們說好了嗎？

說好了。

好，既然我們達成共識，那就開始吧。

內線策略：群眾外包進階版

我相信你對群眾外包（crowdsourcing）很熟悉。群眾外包指的是動用一個大型外部團體（不是你的員工）來達成一項目標，例如開發一個產品、發起一項行動，或單純完成一項任務。群眾外包的實際案例有很多，像是替宇宙以及其中數十億個星系定位（銀河動物園〔Galaxy Zoo〕）、以光速傳遞當地消息（推特〔Twitter〕）、進行複雜的疾病研究（Foldit這款實驗性質的蛋白質折疊遊戲），或者產生部落格或書籍內容（許多不朽的經典作品，例如《查克・羅禮士無法擋》[1]這本書）。

群眾外包還能用來打造市值三千萬美元以上的公司。無線（Threadless）這家T恤公司就是將群眾外包發揮到淋漓盡致的知名案例。無線公司在二〇〇〇年成立，用一千塊美元當作種子基金，讓購買他們產品的人（**客戶**）能參與設計產品。

這家公司會請眾多設計師設計自己的T恤，而其中一人的作品會獲選為下一款要推

1 譯注：*Chuck Norris Cannot Be Stopped*。查克・羅禮士是美國武術家與演員，該書是集結了他的粉絲與網友的創作，每則故事都是他的英勇傳奇事蹟。不過內容的真實性待查證，可能是捏造而成。

出的產品。客戶都幹勁十足，很興奮能親手打造自己接下來會購買的偉大產品。贏得比賽的設計師會如何？他會變成無線公司的終身忠實客戶。有人問：「哇，妳在哪裡買到這麼酷的T恤？」她會說：「買？才不是，這是**我設計**的！」因為參與設計過程，她會在自己居住的城鎮、部落格、臉書還有推特大力宣傳這件T恤跟無線公司。民眾只要親自參與開發新產品或服務，就會產生忠誠度，並想推廣這個東西。事實上，他們真的**克制不住**，想讓世界知道自己參與創造全新的事物，而且還跟一家他們**早就**覺得非常酷的公司有所連結。

無線公司靠著群眾外包賺進大筆收入跟豐碩利潤，他們一推出新的款式馬上就被搶購一空。毫無例外，一件也不剩。就算到倉庫後方的盒子裡翻也找不到半件，全都賣光了。誰有辦法達到這個境界？你上次把東西賣光是多久以前？你上次把新產品供應量拉到最大是何時？

誠然，在提升客戶忠誠度、激發民眾熱情參與推銷你的產品與服務等方面，群眾外包確實是效用驚人的工具，但內線策略卻能撼動你的世界。唯一差別在於可預期性。將產品或服務外包出去時，你不確定這個東西是會熱銷還是被忽視、淡忘，因為你未必在構思階段就讓「群眾」參與。

內線策略能讓你在從頭到尾的每個階段衡量客戶的反應。由於初期行為是未來成果的重要指標，所以在你投入精力開發一項產品之前，就能知道新產品或服務是成功還是失敗。你能知道，是因為你說的第一件事不是「開始做吧，並且將你最好的設計（想法）交給我們」，而是說：「我有某某想法，這個東西你會有興趣嗎？」

這個簡單的區別是預測成敗的關鍵指標，所以讓結果截然不同。客戶說「不」，你就知道他們不想要你提供的東西。被句點感覺很差，但至少你知道了，對吧？至少你不會埋頭苦幹之後做出一個沒人要的新產品或服務。真的動手開發你**打算**推出的東西之前，先問問看別人有沒有興趣，藉此省下大把時間、金錢與精神。

如果客戶完全沒反應，最好把這種反應當成沈默之前的沈默。只要核心客群沒有立刻回應，那清楚顯示出你的東西不會大賣，你跟群體的概念也不夠緊密契合。如果連一小群感興趣的客戶都沒有，就清楚表示你沒有用正確的方式來耕耘南瓜田。如果是大量「會，我有興趣」的反應，則代表你離成功不遠。

嘗試過幾次預測階段，仔細紀錄客戶反應，你就能預測最後銷量。真的。舉例來說，我知道如果我賣一個價格不超過一百美元的產品，能得到三九%的購買率，那假設有五百人針對我的預測問題大聲回答「是，我有興趣」，我就能算出該產品能賣出約一百九十五份。

內線策略會**劇烈**改變你的人生，還能協助你成長、成長、再成長。為什麼？

原因之一：當你有辦法預期有多少人會買你推出的產品，那在開發、創造、訂購或採購時，就不必超過你所需的資源。倉庫裡不再有被去年庫存壓到變形的紙箱；不用再浪費時間去構思沒有人會用的新服務；不用再籌錢來製造沒有人真的想買的東西。

大家對你提供的產品有正面回應，他們等於在最初鎖定你的動態。所以，當你運用內線策略，他們大多在各個階段都會陪伴你，產品問世時也會購買**他們說過自己想要**的東西。所以，現在就掌握預先確定的銷量，不用花太多錢、甚至不花錢在行銷方面。

此外，群眾參與並協助你開發新產品或服務時，**如果你把功勞歸在他們身上**，他們會對成果超級投入，主動幫忙介紹你的新產品或服務。就算你沒有要求也會自動去做！所以囉，你會有一支跟公司同陣線的街頭宣傳小隊，幫忙推廣你的新東西（而且不收半毛錢，你懂嗎？**免費服務**）。

你已經有願望清單了，那就在早期的預測階段上多加一個層次，問客戶：「我們為了回應你的期望（或抱怨、疑慮、不滿），正努力開發某個東西。這樣能符合你的需求嗎？你會對這個有興趣嗎？」客戶一開始就啟發了你的想法，現在你**真的**賦予客戶力量了。我告訴你，「啟發別人來創造新的東西」對多數人來說無法抗拒。跟古柯鹼一樣會上癮！但小小的差別在於，這也不會毀了你的人生。

你高興到手舞足蹈了嗎？腦中是否充滿各種可能性？你有沒有意識到，這種行銷方式真的能讓你種出巨無霸南瓜呢？

太讚了。

跟隨潮流，然後造出潮流

雖然刺蝟皮件（Hedgehog Leatherworks）的工作室相當低調，老闆保羅．謝特（Paul Scheiter）也沒請太多員工（說真的，他幾乎是唱獨角戲），但他在自己的領域中無疑是顆巨大、破紀錄的南瓜。保羅專門替求生刀、戰鬥刀跟狩獵刀製作高性能手工皮套，透過網路來販售。他的客戶都是從事野外求生活動的人，每次進森林就待上好幾個禮拜，身上只帶了一把刀（跟刺蝟皮件的刀鞘）。他們決定重返文明世界時，會穿著樹皮做的衣服，然後把響尾蛇眼珠當成口香糖，放到嘴裡大嚼特嚼。換句話說，這些傢伙都是粗獷的硬漢！他們需要最頂級的裝備，絕對不會選用你爸的瑞士刀。我投資刺蝟皮件公司已經五年多，對他們的內部運作方式相當了解，從中學到很多成為產業巨擘的秘辛。

保羅憑內線策略成功當上產業龍頭。他的客戶贏了，他的公司贏了，他也贏了。這都是因為他真心想跟戶外運動與野外求生活動的那群人建立連結，了解他們對新產品的確切需求。保羅準備設計新的刀鞘時，會透過影片、視訊會議或電子郵件，來聯繫由一萬多名訂閱客戶組成的緊密社群，藉此詢問需求。他會說：「我正準備設計一款新刀鞘，我應該替哪一把刀製作呢？」他不需要猜測自己接下來要製作什麼產品。這個重點客戶群體不會害他走錯方向，他也不必猜測新產品賣不賣得出去。保羅的整個客戶社群會精準讓他知道客戶需要什麼，其實也等於告訴他客戶會**買**什麼。

保羅記下這些回應，會先去確認自己是否能替客戶選擇的刀款製作刀鞘，然後向社群宣布：「社群裡的多數人想要我替這把刀製作刀鞘，那我們就開始吧！在製作過程中，我也很期待得到你們的回饋。」

現在，就連原本希望保羅替另一把刀設計刀鞘的人，也想協助他開發另一把刀的刀鞘，因為他顯然仔細採納客戶意見（我就說，這種感覺跟毒品上癮一樣）。設計過程中，保羅會持續分享進度照片讓社群成員持續參與。他會錄製詳細的影片、撰寫鉅細靡遺的電子郵件，也會寄送樣品或安排團體視訊會議，讓有認真參與設計過程的客戶了解產品設計的最新狀況。就算你沒有從頭參與，光是看著產品成形的興奮感也會讓你越來越著迷。

還有另一個附加的好處（這其實也是保羅用內線策略的**原因**）。他能立即得到反饋和很棒的點子，並掌握「集思廣益」的力量。他跟身為終端使用者的客戶共創出獨一無二的產品，這是他不可能單憑己力就能打造的。保羅想出了一個最能即時滿足頂級客戶需求的終極辦法。

保羅準備出售刀鞘時，會先讓那些協助他開發產品的人購買（幾乎都迫不及待想入手），然後再過幾個月、甚至是一年後才開放讓一般大眾購買。只要遵照這套流程，保羅就能準確預測在產品公開推出後的一個月內，他能向社群中的客戶銷售多少刀鞘，而且誤差相當低。他的經驗也能讓他預測這項產品在一般大眾市場的銷售量，精確度高到嚇人。沒開玩笑，誤差不過五到六個單位，大家都懷疑他是不是會通靈。

客戶由於跟他合作，所以產品推出時也會全力宣傳。他們覺得自己跟保羅、保羅的產品還有刺蝟皮件公司關係緊密，會不由自主把這三件事掛在嘴邊。他們是刺蝟皮件的忠實客戶，任務是拉攏其他毫無戒心的野外求生者加入行列。聽起來超像邪教吧？但對創業者來說，這不就是最美好的境界嗎？

推出新東西的八個步驟

每當我推出新產品或服務，都會遵循同樣順序。這大致類似於其他更成功的行銷人員遵照的產品上市程序，但其中有一項關鍵差異，也就是預測步驟。我可以毫不謙虛地說，只要嚴格遵照這套流程，讓客戶與追隨者社群能夠參與產品設計過程，這招每次都會成功。每、一、次！哪有可能失敗？我提供社群的產品正是他們要求的，他們怎麼會不想要？

順序如下：

1. **預測**：詢問客戶群、潛在客戶、追隨者以及粉絲，問他們是否對你的新產品感興趣。追蹤你收到的回應數量（觀察資料庫中的客群總數中有多少人回應），並把重心擺在頂級客戶的回應，而不是那些聲量特大的人。過去跟你買過東西的人很可能再度購買。從願望清單中找出一些想法或概念，讓對話繼續進行。

2. **感謝**：感謝社群中有給予回饋的人，不管是說「好」、說「不要」，還是說「再看看」都要感謝。花心思回應你的提問是很了不起的事，所以你必須表達感激。即便他們說這是他們聽過最蠢的想法，也要寫電子郵件跟他們說：「感謝你們的誠實回饋，這絕對能幫助我找到方向。」

3. **宣布**：如果你覺得「好」的正面回應已經夠多，可以繼續前進，就告訴社群因為有夠多人想要這款新產品，你會繼續開發。這樣一來，那些本來回答「不」的人自然會對多數人想要的東西開始感到好奇。這就像起立鼓掌一樣：痛苦看完一齣沒完沒了的五幕戲之後，你或許沒有感動到想要起立鼓掌，但因為大家都站起來了，結果你也站起來拍手叫好。讓大多數人來說服自己，這就是人類天性。

4. **參與**：開發新產品或服務的時候，請用盡各種方法讓社群參與其中。定期跟他們更新最新狀況來詢問他們的意見，讓他們全心投入產品開發。盡可能讓他們參與其中。保羅在這方面做得很好，約翰．葛林（John Green）也是如此。約翰是《紐約時報》（*New York Times*）的暢銷青少年小說作家，因為《尋找阿拉斯加》（*Looking for Alaska*）和《紙上城市》（*Paper Towns*）而聲名大噪。他透過部落格和影片，讓粉絲（又稱為書呆戰士〔nerdfighter〕）迫不及待想閱讀他的新書。有時候，他會在影片中閱讀新書手稿的某個段落。新書一開放預購，書呆戰士就會蜂擁而起！

5. **要求**：要求群眾以募資或支付押金的方式來小額投資新產品開發，讓他們投入參與這段過程。要求社群成員實際拿錢出來支持，等到產品最終上市時，他們就更有可能掏錢購買。比方說，保羅跟那些想優先購買新刀鞘的人收取二十五塊美元，這筆訂金是不能退還的。他也實事求是地跟客戶解釋，說這樣他就能在訂購材料之前確定自己要做幾副刀鞘。客戶都理解，也開心爽快地付錢。

6. **限制**：推出新產品或服務時必須限時限量。只能讓那些在設計製作過程中幫助過你的人購買，他們會覺得自己更獨一無二。在物以稀為貴的情況下，購買你的新產品（而且還是他們幫忙打造的）就是當務之急。允許購買的時間或數量越有限，群眾就越可能購買。無線T恤公司推出的上衣限量供應，賣完就是賣完了。大家會手刀搶購新款T恤，這就是原因之一。

7. **高達成：**運用內線策略的風險之一，就是大家極度投入參與這段過程，所以很清楚知道自己會拿到什麼。他們還是想要，非常想要，但得到的時候會有點失望。這就像我在你生日**前一天**告訴你，你會拿到什麼禮物……驚喜全沒了。關鍵在於提供更棒或更多東西，或是一些出乎意料的東西。驚喜永遠是好事。

8. **持續追蹤：**我再重申一次，內線策略之所以比群眾外包更理想，關鍵在於可預測性。但如果你沒有追蹤評估群眾的回應，就沒辦法預測任何事。請追蹤記錄數據！

客戶是風，你才是船長

內線策略的效果絕對讓你跌破眼鏡，但別忘了，你還是要引導業務朝著你希望的方向發展。你不能讓客戶主宰所有轉折、變化和決定，不能讓你的業務變成觀眾能全權主導的遊戲，不可以讓他們掌握所有權力。每個決定都會改變最終結果。

客戶只會考慮他們想要什麼，不會思考開銷、資源、品牌信譽，或者是你的長期規劃。作為創業家，你必須了解客戶想要的方向，但如果你的組織基本架構無法滿足他們的要求，又如果他們不在你的甜蜜點內，你就必須以經營者的身份做決定，放棄或修正方向來符合你的業務。約翰・葛林大概沒有聽從書呆戰士對故事情節的建議，而假如保羅沒辦法做出客戶想要的高品質刀鞘，他也不會成功。

號召顧客來主動參與開發你的下一個產品或服務，藉此判斷他們的意向並且降低風險。鼓勵他們投入心血與資本給你即將推出的產品，這樣他們會更想購買，也更可能替你行銷宣傳。請記得，你是這艘船的船長，他們是在你羽翼……呃……風帆底下推你前進的風。

假設客戶想要太多怎麼辦？客戶希望你推出售價五塊美元的瞬間移動機，或任何對你能力來說太遙不可及的東西，怎麼辦？告訴客戶群體說你已經到極限了。有兩種做法。你可以對他們說，他們想要的計畫在短時間內無法完成，所以你會著手執行替代方案；或者，你可以要求群眾外包的社群提供解決方案。跟社群成員約時間通話，了解他們的想法。去找那些不可多得、最聰明最努力的人給你指導與方向。誰知道會如何進展？或許《星際爭霸戰》（*Star Trek*）中的史巴克就是個狂熱積極的參與者，最後還把瞬間傳送機的設計藍圖交給你。

執行計畫——在30分鐘內行動

1. 安排順序

滿腔熱血開始動工之前，先安排好步驟順序，這樣一來，如果有人喜歡你的偉大新點子，你就有時間來回應他們，並將產品開發出來、推向市場。你不會希望群眾對你的新產品或服務躍躍欲試，卻又覺得自己被晾在一旁。

2. 試水溫

先從預測的步驟開始，這個簡單的問題，能協助你判斷你提供的產品或服務能引起多少興趣。發電子郵件詢問、貼在粉絲專頁上、在推特上公開發問，或在客戶拜訪時親自問問他們的意見。

3. 決定要如何與合作者接觸互動

你會拍影片來分享進度嗎？你會在部落格上更新動態嗎？你會成立小團體，每週見面交換意見嗎？你會每天在推特上發文更新嗎？先決定好與合作者互動的方式，你就能準備好執行這些額外工作，來讓合作者參與其中。

☑實踐計畫——在「健康服務業」種出大南瓜

你是一家安養中心的老闆兼經營者。放下餐盤、繞過視聽室，回到你的辦公室坐下，我們要用南瓜計畫來規劃你的事業囉！

方圓一百英里內的所有安養中心裡，你的安養中心看起來最像家。唯一問題是你有很多空床。競爭對手的建築物又大又單調，還華而不實，可是候補名單排得超長。而你的安養中心，卻有一整排空房間在那邊養蚊子積灰塵。你試著在電視上打廣告，結果沒半個人上門。基於某些原因，多數長者與他們的家屬依然選擇你的競爭對手。

所以你找出自己的頂級客戶：那些很少抱怨，永遠準時付款，並且還有其他家人也住在中心的客戶。你跟頂級客戶（住戶跟他們的家屬）面談，想了解他們對你這個產業有哪些不滿。你發現他們不喜歡大型安養院經營者散發的那種商業氣息，你並不意外。他們喜歡你的建築營造出來的輕鬆休閒氛圍，以及看起來像家的佈置擺設。另外，你的員工都以對待家人的方式來跟每位院民相處，食堂的風格（和餐點口味）也完全不像是食堂，裡頭擺著寬闊的圓桌和家庭式飯菜。

不過有個「小」問題：你的頂級客戶對有限的探視時間、以及超小的停車場頗有微詞。他們希望能透過某些方式跟家人多聯絡感情（反之亦然），而不用苦等到探視時間才能來訪——這點讓你的安養中心彷彿像間醫院。還有那狹小的停車場。當探訪家人的親友太多，他們必須將車停在半英里外的一家咖啡廳旁。許多家庭因為車子進不了停車場，只好取消拜訪爺爺奶奶的行程。不行，這樣真的不行。

所以你跟團隊開會討論、集思廣益，想辦法解決。你跟頂級客戶分享你的想法、評估他們的反應，並根據意見來調整計畫。你決定安裝五台新電腦，並請一名大學生來協助院民用電子郵件、臉書來跟家人聯絡，讓他們每天都能跟家人視訊通話。你招募志工陪院民一起坐下來寫信給家人。你開始錄影記錄活動，發布在Livestream網站跟一個安全的YouTube頻道，同時維持安養中心「家外之家」的理念。對了，你還果斷做出另一個決定，將每日探訪時間延長四小時。沒錯，你得聘請更多員工，但沒有什麼比讓客戶滿意開心更**值得**的。

接下來是停車問題。因為環境限制與區域劃分規範，你沒辦法擴大、修改停車場範圍，這條路行不通。不過，你能在隔壁的建築中留有一個停車位，所以買了一輛接駁車。然後，你跟半英里外的咖啡廳的老闆見面（他剛好擁有一大片停車場）。你決定在他的咖啡廳裡裝設專屬的訪客電話，有院民的家人來訪時他們就能進咖啡廳打電話叫接駁車。咖啡廳老闆也覺得這個點子很棒，訪客會因此在店裡停留個五分鐘等接駁車來。你覺得他們會在這五分鐘內做什麼？……當然是點杯咖啡啊。（有時還會點些麵包、蛋糕，畢竟巧克力可頌是奶奶的最愛！）

你讓所有院民跟家人更緊密融洽，這點他們非常讚賞。你發現院民臉上更常掛著笑容，感覺也更輕鬆自在。他們更常跟彼此閒聊、談天大笑。當地新聞媒體為你的安養中心寫了一篇專題。你開始接到一些家庭來電，表示希望能讓自己所愛的家人**搬進**你的安養中心。還有一位婦女打電話來，表示自己是在咖啡廳裡聽到等接駁車的家庭說起你的安養中心。幾個月內，你那一排空蕩蕩的房間就住滿新院民。

然後你打電話給頂級客戶，詢問他們是否會把你介紹給其他照護、療養相關的廠商。你得到好幾位遺產規劃師、健康護理人員與保險經紀人的姓名。你逐一碰面開會，詢問能如何協助他們提供客戶更好的服務，他們也很熱血，提出許多問題來了解你的機構與服務。你解釋自己的使命，同時分享安養中心這段時間所做的改變。結果呢？他們當中有許多人也在找方法來促進與院民和其家屬的溝通，你趁機表示能透過科技協調員（大學生愛用的新潮花俏的稱號），來讓他們跟院民與家人視訊討論。

過沒多久，你就有了愉快的院民、開心的家庭，跟滿意的供應商，這些廠商都跟許多正在尋找安養單位的客戶合作，很樂意把你推薦給很多人。一年內，就有投資者來跟你接洽，打算在該州的其他地區創辦類似的新安養中心。你已經名聲響亮了。你看，只要解決一個小問題，就能迎來如此龐大的效益。

第十章

瘋狂灌溉，
爆炸性成長的絕妙技巧

一般狀況下，
客戶不可能把你推薦給其他客戶，
除非你可以解決一個重要問題……

來回顧一下我是如何開始南瓜計畫的，好嗎？我的顧問法蘭克跟我講了「剩一顆蛋的傢伙」的故事，把我嚇個半死；接著有篇談巨大南瓜的文章讓我展開行動，然後我將種植南瓜的策略應用在經營企業上，讓業務向上成長——如同一顆巨大的怪物南瓜，我打好根基之後，事業就開始爆炸性成長。

不過短短兩年，奧爾梅克爭取到七十五位全新的**頂級**客戶，他們跟我的公司超合得來，簡直形成了一個互相欣賞支持的社群。我如何種植出巨大南瓜的？就靠以下這項程序達成，我將之稱為「努力開發廠商」。

這項技巧超有用，有效到我覺得你可能會愛上我——這個「我」其實就是這本書。愛上一本書有點怪，但幾年前也有「某個韓國人跟自己的枕頭結婚，甚至還辦了婚禮」之類的傳聞，所以也不是完全不可能……只要記得把婚禮照片寄給我（本書作者）就好。你跟這本書在婚禮上八成會盛裝打扮、交換誓言、跳著搞笑的雞舞、餵對方吃蛋糕、到某個熱帶小島度蜜月，還有跟特戰隊成員湯姆學跳草裙舞等等。

先等一下。在我告訴你這個絕妙的技巧之前，你必須明白，假如你還沒有執行本書中概述的步驟，這個技巧就起不了作用。南瓜計畫是個循序漸進的成長策略，每一步都要建立在前面的步驟之上，是一段漸進式的過程：你必須先有強大的根系，而後必須時時刻刻拔除雜草，然後就是接下來的這個步驟——瘋狂澆水。如果你還沒做，請回頭去實踐一到九章的策略。如果不做，就沒有效果。

努力開發廠商的正確策略

還在奧爾梅克的時期，在我開始進行屬於我的、更原始版本的南瓜計畫時，我想到了這項策略。生意已經變好，其實狀況還**滿不錯**。我們有更多錢、壓力更少，跟客戶的關係更好，也沒有爛客戶會來妨礙進展。不過，雖然只剩一顆蛋的那傢伙沒有繼續賴在我肩上嘲笑我的一舉一動，卻依然時不時出現在我夢中。我猜呢，其實有一部分的我還是在擔心另一顆蛋什麼時候會掉下來，也擔心體面的業務會再次變成地獄。

我瀏覽公司的客戶名單，發現避險基金公司佔我們年營收三成以上，但我們只有幾家避險基金公司客戶，其他客戶則橫跨各個產業。我想起八〇／二〇法則，發現必須縮小業務焦點，於是決定更改貼在身上的標籤，讓公司成為避險基金科技專家。我們改變業務重點、訊息和品牌形象，專門迎合這些客戶。以前我們是「修電腦的傢伙」，在我們所在城市跟數百個「修電腦的傢伙」競爭，但現在以全國來看，我們只有兩個競爭對手。

唯一問題是，我還搞不清楚要如何爭取到**更多**頂級客戶。我知道他們不會奇蹟似出現。我之前挨家挨戶敲門的方式太費力氣，效果也很差，所以這個方法行不通。等待頂級客戶把我介紹給其他潛在頂級客戶（他們只有「偶爾」會幫忙介紹）的話，就像從洛杉磯經密西根州到舊金山……而且還走鄉間小徑……而且還開高爾夫球車……甚至少了一顆輪胎。這實在**太**花時間了。

然後有一天，我突然有了靈光乍現的「啊哈」時刻，心想：「假如頂級客戶懂我，我也懂他們，那他們跟懂他們的廠商理應也會有這種關係，而那些廠商也會跟他們的頂級客戶有這種合作關係。道理跟我有自己最愛、最棒的前十大頂級客戶一樣，那些廠商也許會有自己最愛的前十大頂級客戶。而且很棒的是，那些廠商跟我已經有共同點了：我們都在替自己的其中一位頂級客戶服務。因為這個共同點，所以我應該能輕鬆跟這些廠商見到面，最後跟他們的頂級客戶合作。」

好啦，或許我講得很拗口，但我當時有個直覺：頂級客戶的其他廠商，或許是一個尚未開發的潛在客戶來源。

以前，我是「請人介紹」的忠實信徒。把工作做好做滿之後，我才會問客戶是否對成果滿意。然後我會等待客戶說滿意，一直等……一直等。終於得到一個「滿意」，才會問出一個在推薦行銷領域中最俗氣的問題：「你有沒有朋友，或認識的人也需要我們的服務？」然後看著推薦人湧入。

這至少是理想狀況啦。

以我的案例來看（你八成也一樣），現實截然不同。要求客戶推薦人，結果搞得在場所有人都尷尬不自在。我沒有用一句「謝謝」來結束案子，而是要求客戶給我**更多**，大家別忘了，客戶已經付我錢。太尷尬了。

設身處地站在客戶的角度想一下：你請他們幫忙（他們跟你買東西已經幫了你**大**忙），但後面的要求卻有風險。如果把你介紹給別人，你可能之後沒辦法分太多時間來服務他們。或者，他們用錢換來的知識可能會被你分享給新客戶；又或者，你提供的服務沒辦法讓他們的朋友滿意。結果不只是你丟了臉，**他們**的面子也掛不住。

所以，請別人介紹這種思慮不周的作法，通常只會得到一些敷衍的推薦。客戶在那種尷尬時刻，就算不想要也會覺得有義務答應。他們也許永遠不幫你介紹，或把你介紹給很糟的客戶，因為他們想永遠把你當成自己的小秘密。

再也不會有這種狀況了。我發誓要拋棄請人推薦這種傳統方式，並開創新的做法。

我打電話給賴瑞，他是我所有避險基金公司客戶中的最愛。我要求見面。那週稍晚，我們碰面時我問：「除了我之外，還有哪些廠商對你的業務來說很重要，而且你也真的喜歡跟他們合作？」他說：「你怎麼會想跟他們談？」我有預料到這種反應——很少有廠商要求你把他推薦給**其他**廠商。賴瑞的肩膀開始繃了起來，身體也從桌子往後靠，顯然感到不自在。

我解釋：「賴瑞，我想提供你最好的服務。為了做到，我想確認自己能了解其他主要廠商提供你的服務，並確保我提供你的服務，都可以完美切合跟他們所提供的。我不想成為其他廠商的阻礙，這樣我的服務才會對你有最大效益。」賴瑞似乎很驚訝……而且非常感動。他的肩膀瞬間放鬆了，整個人也往桌子靠，臉上掛著微笑。以上這件事只有你跟我知道……不過我有幫他點雙份馬丁尼，但這不太重要。

「噢，那太好了！」

賴瑞勾出他喜歡合作的廠商名字時，我一邊想：「哇，跟之前我請他把我介紹給其他客戶相比，他現在看起來輕鬆多了。哼，他現在不就是在把我介紹給其他廠商嗎？」

客戶不想冒險把你介紹給別人，因為他們想把你留在身邊。但這不一樣。讓你跟其他廠商牽線合作，來提供他們更好的服務？**這點**他們做得到，他們**想**這樣做。事實上，他們覺得你會想到這件事很**了不起**，覺得你超級關心他們，關心到願意盡力了解他們的業務，並確認一切會順利運作。ＶＩＰ服務、願望清單、低承諾高達成，以及找出讓他們生活更輕鬆、更美好、業務更賺錢的方法——如果你這些努力還沒讓他們**愛死你**，那現在一定可以。

最後，賴瑞遞給我一張紙，上面有五家廠商的名單，以及每間公司的主要聯絡人姓名。我問：「謝謝你，你最依賴的是哪一家？」

他不假思索地說：「高盛。」高盛是賴瑞的公司合作的結算所。他們週轉流動的所有資金都有高盛支援，是賴瑞最可靠的保障。毫無疑問，高盛就是賴瑞的主要廠商。

「你會介意我跟他們談談，告訴他們我跟你談的這些事嗎？」我問。

「當然不會。」一樣毫不遲疑。為什麼？因為沒有威脅。

當天稍晚，我打電話給班恩，也就是賴瑞在高盛的聯絡窗口。我要求見面，我說：「賴瑞把你介紹給我，我們是他的避險基金技術專家。我希望能見個面，聽聽你的建議，來了解如何讓你的工作更輕鬆容易，也讓我們雙方提供賴瑞更棒的服務。」

你有發現我如何跟班恩徵求建議的嗎？有抓到嗎？就是「聽聽你的建議？」沒錯，就是這！

所有人（包括你）都喜歡分享建議，這能滿足我們的自尊心。沒人能抗拒誘惑。那我呢？拜託，我還寫了一本書來分享建議，這應該算是大量滿足自尊心的做法吧？

班恩爽快答應跟我見面。不只向他徵詢意見讓他覺得臉上有光，而且我們本來就有共通點，也就是一位頂級客戶。跟他見面時，我簡單介紹我公司提供賴瑞的服務，然後把話題轉到班恩跟高盛上。我提出的許多問題，都是我在了解客戶願望清單時提出的。

「什麼能讓你的工作更輕鬆？」

「在你提供賴瑞的服務當中，你希望他能進一步了解的部分是什麼？」

「對於我替賴瑞做的工作，你想要我什麼時候給你最新消息？」

「你對我這樣的科技公司有哪些不滿的地方？」

「在這個產業，你跟避險基金合作時最大的不滿是什麼？」

注意，最後一個問題並不是針對賴瑞。我最不想發生的，就是跟班恩一起抱怨我們的共同客戶，我也不希望班恩（高盛）為了講客戶壞話而不舒服。正如前文所說，當你提出的問題是針對整個產業，而不是針對特定的人或公司，對方就能敞開心胸分享抱怨、疑慮、想法，以及秘密心願。就像是談論某個鼻子上掛著鼻屎的人：你要趁他不在場的時候講。沒有人敢當面說什麼，但他一離開，大家就開始聊了。你要的就是，他們公開說出自己對不知情第三方的真實想法——對某個不特定之物（如某個產業）的鼻屎講出真實想法。

會議結束前，我答應會盡快跟班恩回報，告訴他我覺得雙方能如何合作，藉此提供賴瑞的公司更好的服務。最棒的部分在於，這不是光說不練。我並不是假裝討好班恩跟他的團隊，讓他們對我刮目相看，藉此取得高盛公司的青睞。我真的想讓班恩跟他團隊驚豔到馬褲都掉下來（不是褲子，是馬褲，畢竟高盛在歐洲也有一大票人馬。我呢？我穿一般的褲子就好。）我是認真要栽培這段關係。針對避險基金客戶，我要給予超乎尋常的關照跟餵養，來種植出這個區域最大、最驚人的南瓜。

而且我很興奮，真的很興奮。我就是為此而活，這點大家自然會感受到。賴瑞感覺得到，穿馬褲的班恩也是。大家都曉得。班恩跟他的團隊看得出我對此的熱情與執著，所以全心信任我：不僅把時間交給我、提供想法和資訊，還把我介紹給其他人。

我跟高盛建立互惠互利的關係之後，我又約班恩見面。這次我告訴他：「我很想好好發展自己的業務，你能把我介紹給其他可能需要避險基金科技專家的客戶嗎？我想跟其他客戶合作，繼續發展我們的合作關係，就像我們一起替第一位客戶服務一樣。」

你覺得班恩怎麼說？

情況是這樣的：我並不是競爭者。我也**不是**請他把我介紹給競爭對手。我也**沒有**要求他提供我任何會讓我比較沒空替他服務的東西。事實上，我所要求的東西對他來說幫助更大，而且能讓我**更專注**與他合作。我做的就是盡全力幫他。我讓他在賴瑞（我們的共同客戶）面前有面子，他當然會答應。

班恩毫不遲疑地回答：「當然好。你要不要試試看跟這個客戶聯絡？」

這是個小小的介紹，小試身手。班恩想確定我不會把工作搞砸，但沒關係，我不擔心。我的南瓜計畫進行順利，所以我**知道**我能大幅改善這位潛在客戶的業務狀況（後來也做到了）。我也知道，賴瑞跟我關係很好，且賴瑞跟班恩合作順暢，也因此新的潛在客戶跟我可以很快地建立緊密關係（確實順利）。**而且**，如果班恩發現這位新客戶對我的服務很滿意，我知道他就會再幫我介紹，然後一位接著一位（他確實如此）。讓客戶源源不絕吧。

賴瑞介紹給我的其中一家廠商是伍德公司（Woodtronics），一家製作和安裝人體工學交易桌的公司。這種桌子是避險基金公司的基本配備。你看過在交易桌前工作的人嗎？氣氛很緊繃。他們會罵髒話、扔紙團、再罵髒話、丟筆、繼續罵髒話，像籠內的動物一樣來回踱步，對自己一直罵髒話的行為繼續罵髒話，就像鐵籠格鬥賽，只差沒有互毆而已（其實有時會發生）。

我早就想跟這些在交易桌前的人聊聊了，因為，他們讓我有點不爽，每次移動或增加辦公設備時，就會扯掉我們的線路（還不自知），並接上自己的線路。然後我們再把**他們**的拔掉（跟他們一樣幼稚），最後避險基金的人就抓狂了，畢竟他們賴以為生、跟**空氣**一樣重要的設備會故障。這一切的原因，就是我不了解其他供應商，而他們不了解我。

所以，我們跟交易桌公司的人打好關係。我問：「我要怎麼幫你，才能給賴瑞更好的服務呢？」

「別再把我們的線路拔掉了！」

「什麼？我才想叫你不要拔**我們**的！」我說。

這時我們才發現，原來自己一直都在扯對方後腿。所以我說：「好吧，那你能不能說說，你覺得我們如何幫交易桌配線比較好？」

就是這樣。只要知道如何替賴瑞的電腦配線，而且不要搞亂交易桌的其他地方，賣交易桌的那些傢伙就愛上我們了。避險基金的人也愛我們。甚至連我們也更**愛自己**。交易桌的人沒過多久就開始介紹客戶給我們，連問都不用問，因為他們不想要讓「會扯線」**的其他人**服務他們的客戶。

太讚了。這就是一夕成名吧。不到幾個月，我們就有更多潛在客戶，數量根本是以前想不到的。當然，不是每一個都配得上頂級客戶的頭銜，但我們可以自己選擇，這不是最棒的事嗎？

接下來的十八個月內，高盛把我介紹給他們的七十五位頂級客戶，這些人很快就成為我的新頂級客戶。七十五位！我已經想出辦法，知道要如何根據新南瓜計畫的準則，來好好開發廠商、拓展客群。

就這樣，只剩一顆蛋的那傢伙從我夢中消失。無影無蹤，連曾經相處的痕跡也沒留下。浴室裡再也沒有假牙泡在杯子裡嘶嘶作響的聲音，再也沒有老人的氣息在我鼻間徘徊。他消失了……永遠消失。

用同心圓運動，建立存在感

種植巨大南瓜時，你絕對不是在十七英畝的田裡到處播種；你會專注在半英畝的土地，只種一到兩顆種子（如果你很有野心），並致力於照顧這條瓜藤。因為資源有限，像是時間和行銷經費，而栽種面積太大的話你就沒辦法達到成效、被人看見。

專注在一個緊密狹小的區域裡行動，潛在客戶與現有客戶就會更常看到你的蹤影。將奧爾梅克的業務範圍縮小到「大型避險基金公司」之後，我們就開始在他們出現的地方出沒。我們加入他們的俱樂部、協會和其他團體，在他們的商業刊物上登廣告，去他們吃午餐的地方用餐，諸如此類。我們以同心圓的方式來運作，把專注力全部投入避險基金公司，直到我們在他們眼中無所不在。

信任這件事有門檻，只要看到某人的次數高過一個門檻，你就會予以信任。就算從來沒有講過話，你也覺得早已經認識他們了。你每天早上，都會在咖啡店碰到住四樓的那傢伙；你不認識他，但因為你每天都看見他，就開始覺得他是個「好人」。搞不好他是地球上最古怪的人，但因為你見到他的次數夠多，所以相信他。這在商場上也適用。

只在關鍵潛在客戶出沒的區域推動行銷計畫，他們就會相信你無所不在。出席他們的產業會議和商展；參加他們的研討會；在他們的募資晚會中買團體票入場；參觀他們的工廠；在他們的社群媒體上寫客座專文。他們會相信你絕對是個專家，認為你提供的所有產品或服務都是產業首選。而且，你就像咖啡店裡的那人——只要他們開始不斷看到你，自然會覺得你是個「好人」。

我們將奧爾梅克從「修電腦的傢伙」轉型為避險基金科技專家之後，幾乎瞬間就成為專門服務避險基金公司的三大廠商之一。我們不需要跟其他廠商比價，反而在品質、速度和效率上競爭就好。我們可以創新、引起廣大迴響，而不只是產生小小的漣漪；可以接應這個狹小領域，並且「無所不在」，與潛在客戶和現有客戶建立信任；可以與其他廠商合作，協助共同客戶發展業務；也可跟這些廠商結盟、彼此介紹客戶，互相推薦很容易成為頂級客戶的客戶。

我們的定位相當準確，所以能好好開發廠商、解決客戶問題（是真的讓廠商頭痛的問題），並且用同心圓的方式來開發大量客戶。這些客戶，就是建立市值數百萬美元的產業龍頭所需的客戶。

這招很有效。把這個妙招插進玉米棒煙斗裡當菸抽吧。就是玉米棒煙斗……農夫都這樣抽菸的。

執行計畫——在30分鐘內行動

1. 運用八〇／二〇法則

瀏覽你精簡的頂級客戶名單，找出是哪幾位客戶（前二〇％）帶來最多收益（八〇％）。換言之，你的高營收客戶主要落在哪個產業？想一想，如果要重新包裝自己的品牌，並以這個產業為主力開發的領域，你要怎麼做？如何才能提供目標產業更棒的服務？如果你只專注服務這個產業，會遇到多少競爭對手？有了這個精準的焦點，你會如何描述自己的業務？

2. 好好開發廠商

打電話給三位頂級客戶，找他們出來聊聊，取得他們信任的廠商名單。事先準備好一份問題清單，然後至少跟他們每一位介紹的其中一家廠商見面。跟這些廠商攜手合作，給你們的共同客戶更棒的服務。你最後會想請廠商把你介紹給他們的首選客戶——但現在先專注在互相幫助、讓共同客戶驚豔滿意就好。

3. 同心圓運動

現在你已經精準定位，那就列出潛在客戶與現有客戶主要活動的領域，從網路雜誌到貿易商展，從協會組織到慈善活動都別錯過。然後制定計畫，盡量在這些場合現身露面。不要以「銷售」的形式出現，只要出現就好。

☑ 實踐計畫——在「專業服務業」種出大南瓜

你是律師，坐在辦公室中，周圍都是皮革裝訂的書籍和成堆的文件。先把那些讓人腦袋打結的法律條文推到一邊，我們要用南瓜計畫來規劃你的事業啦！

你的律師業務狀況良好，跟其他幾位律師共用一個辦公空間。他們跟你一樣在還學貸。你的收入不錯，但你想**賺大錢**。問題是你太忙了，根本沒時間去**思考**行銷手法、建立關係，連更新黃頁的時間都沒有。

填完評估表之後，你決定擺脫一些客戶，那些客戶一直跟你爭論費用、浪費你超多時間。他們打電話來的時候，你還得壓抑衝動不要直呼他們「爛人」（這很**直觀**）。你也把幾個喜歡大吼大叫、不好好說話的客戶砍掉，把注意力放在前七位頂級客戶身上。

你第一個打電話的是露露這位客戶。你沒見過她，她住在車程兩小時的地方，你們的業務都是電話往來。你一一提出清單上的問題，問到：「律師最讓妳不滿意的地方是什麼？」她的回答讓你訝異：「他們都不讀合約給我聽。」

多年來，你都會讀合約給客戶聽。你只是想確認他們**真的**理解合約內容，而這也能幫**你**節省時間、避免挫折，但你不曉得露露非常重視這點。

「為什麼這對妳來說很重要？」

「因為我的有聲閱讀器很難搞，我又沒辦法在合約裡面跳著讀，所以要花很多時間來了解細節。」她說。

「有聲閱讀器？什麼意思……」

「你曉得我看不見吧？」

什麼？你跟這位客戶合作快一年，竟然不曉得她失明？

「露露，我不曉得。」

「哇，好吧。有點意外。我以為你讀合約給我聽，是因為你知道我看不見。我還以為當初請你的時候有提過。」她笑著說：「好吧，你無意間提供了我人生中最棒的律師服務，我已經開始依賴你用電話讀合約給我聽了。」

掛上電話，你瀏覽頂級客戶清單，發現露露把你介紹給唐恩。唐恩是坐輪椅的行動障礙倡議人士，而他又把你介紹給拉梅西。拉梅西則是墨西哥捲餅連鎖店的老闆，同時也是聽障人士。你開始把這些線索連起來。不知不覺中，你早就成為幾位身心障礙者的首選律師，因為你就是喜歡大聲把合約讀出來給客戶聽。

你想起自己有找過手語翻譯，特地請來協助你跟拉梅西溝通；而且你辦公室還有無障礙坡道跟洗手間。你沒有多想，只覺得這樣是對的。事實證明，你自然而然會引來一批身心失能者客戶。

現在，你打電話給唐恩跟拉梅西，詢問他們如何提供他們所屬社群更棒的服務。你問：「我要怎麼經營這項業務？」你從他們還有露露那邊得到一連串想法，自己也腦力激盪想出一些。你想出一個能給身心障礙者社群更棒服務的計畫，接著先給頂級客戶體驗，再根據回饋來調整。等到頂級客戶開始說「天啊，我要跟蕾貝卡的團隊說」，或者「湯姆會拋開他的家庭律師來接受這項服務」，以及「下次開會時我要告訴大家」，這時你就知道走對了，知道自己已經找到專屬大西洋巨人種子了。

有了這份計畫，你已經準備好替自己的業務重新定位。你再也不是一大片律師海之中的一人。現在，你是身心障礙者法律策略專家。你上網搜尋當地的「身心障礙者法律策略專家」，天啊，你看！你是唯一選擇！嗯……我很好奇，有哪位律師能讓**所有**需要法律服務的身心障礙者都找上門？於是，你更新了所有網路上的登記資料來傳達你的全新定位。**而且**，因為有了新的形象包裝，你可以自己制定收費標準——你不需要再跟其他律師競爭價格或是便利性。你不需要，你獨一無二。

你買了一台電傳打字電話來跟聽障客戶溝通，並且去上手語基礎課程。為了讓輪椅更方便，你重新設計辦公室，還花錢做了點字手冊來推廣服務。然後，你開始以同心圓的方式行動，出現在本地與區域的失能者聚會中，並在相關新聞媒體上刊登廣告、到失能服務團體集會演講，還花時間到失能者非營利組織擔任志工。（你**超級**投入，很快就能還清學貸了！）

過沒多久，你就跟數百位像露露、唐恩跟拉梅西一樣的客戶合作。他們天生就跟你一拍即合，而且欣賞並尊重你，很感激有一位這麼懂他們、這麼理解需求的律師，所以他們也努力成為最棒的客戶。

時間快轉幾年，你的業務脫胎換骨，成為當地最大的南瓜，但你也準備好種植新的大西洋巨人種子了。是時候種出另一顆破紀錄南瓜了。所以，你運用現有根基，成立一家培訓公司，將重點擺在訓練課程，告訴律師、會計師和其他專業人士如何給身心障礙者更理想的服務。你**完全**知道該怎麼做，也準備好運用這些知識來建立事業。畢竟，你第一項南瓜計畫執行得完美流暢，下一顆南瓜絕對也會長得頭好壯壯。

第十一章

遵守「飛安說明卡法則」，休假也能繼續賺錢

把你的事業拆解、再拆解，
直到跟飛行安全守則一樣，
男女老少都能輕鬆看懂，所有員工都能立刻上手。

公司在兩年內爭取到七十五位新客戶，我還是忙得不可開交。雖然我有一群負責維修的技術人員，但某些客戶打電話來的時候，我還是會離開辦公桌、坐上車、開車到他們的辦公室親自協助處理問題。幾個小時後，我又會回到辦公室，繼續處理我該做的**所有事**，也就是說，好像每件事都得做一樣。

更慘的是，我用的技術人員每一天都會無時無刻來干擾我、讓我分心，但他們的任務本來是要替我減少干擾。他們老是打電話問我事情。

「某客戶額外要求一個案子，我要做嗎？」

「這個跟那個步驟你怎麼做的？」

「我剛才接到客戶B的緊急電話，我應該離開客戶A趕去處理，還是留在A這裡？」

「我可以午休嗎？」

「天空為什麼是藍的？」

「你覺得我需要植髮嗎？」

「你能教我用短笛吹奏齊柏林飛船的名曲嗎？」

公司規模不斷擴張，我也變成壓力龐大的成人保母。我要不是在指導員工做他們的工作，就是忙著把這些工作攬過來做。我永遠都忙、到、不、行。

我在第一個事業，犯了幾乎每一位創業者都會犯的錯誤：如果員工有太多問題，我會無奈地把事情拿來「自己做」。我心想，與其花十分鐘自己處理，絕對比花十小時教他們怎麼做還要好。我覺得自己動手做簡單的多，因為一想到要訓練人，讓他們完全按照我的方式來照顧重要客戶，我就覺得壓力很大。坦白講，我就是**不相信**有人能跟我一樣把客戶照顧到那麼好（自尊心啊，你真是給我惹了大麻煩）。

事必躬親的壓力太大，所以我想找出快速解決問題的方式。我心想，雇用真的有經驗的人（我指的是真的經驗豐富的人）就不需要從頭教了。他們會**知道**我要什麼。要是我夠幸運，那麼也許他們知道的會比我更多，只是也許。我面試的一些人有二十年電腦經驗。他們超懂電腦，從一群猴子在汽車大小的機器裡踩著固定式腳踏車踏板的年代開始，他們就在做電腦了。那時的電腦，只可以慢慢把東西加起來，你知道的，二加二等於……請稍候……答案是四。

我很快就發現自己的問題。僱用有經驗的人，表示我找來了多年或幾十年的壞習慣。雖然這一類技術人員比較少打電話給我（畢竟他們「知道」自己在做什麼），客戶卻**更常**打電話……跟我抱怨。這些「有經驗」的新技術人員沒有遵照一切規範，反而還把我之前做好的工作打掉、更改設定，並「修理」不需要修理的東西。他們不是壞人，也不想帶來傷害，但這些有經驗的技術人員「懂更多」，所以就照自己的方式來行事。而他們的方式帶來超多麻煩。

你有聽過「老狗學不會新把戲」嗎？對，這是真的。有經驗的技術人員完全不想從我這邊學任何新東西。在他們心中，他們覺得自己知道最棒的方法、唯一的方法。畢竟他們有二十年經驗，所以拒絕接收我給出的任何指示。結果，技術人員經驗越豐富……我的麻煩就**越多**。我必須花更多時間來修補他的改動，也不得不花更多時間來修補客戶關係。總之，我就是得花更多時間。

這個辦法行不通。雖然我非常錯愕，但還有一個絕對有效的備案。我心想，既然經驗豐富的人沒辦法幫我，而擁有一個龐大的團隊又使我無法專心，那就縮小團隊規模、回到「美好的過去」。這個方法大概是最簡單又快速的。與其擁有需要時時費心照顧的八人團隊，我不如回到由一到兩名員工組成的團隊：我、一名私人助理還有一名負責各種雜事的人。當時營收很不錯，要是裁員，只花錢養兩個入門級的員工，公司就能賺大錢了。

這個計畫也崩潰了，因為我發現自己當初努力擴展公司規模，就是因為三人公司讓我累到不行！不管是需要時常關心照顧的大團隊，還是根本應付不了龐大工作量的小團隊，我都搞砸了。我像把自己銬在倉鼠滾輪上，然後丟掉鑰匙。

基本上，我被困在自己製造的困境裡。

你可能現在跟我一樣作繭自縛。你找不到跟你一樣有能力的人，也沒辦法回到「過去的美好時光」，因為現實是：美好的過往時光根本不存在。創業家深深緬懷過往，因為當時**似乎不像現在**這般複雜。我們已經忘記自己每天都累得半死，在幾乎沒人幫忙的狀況下還努力穩住業務。

要接受自己被困住的事實並不容易，我知道。但你不是孤單一人，這種現象很常見。多數創業者都拼著老命，想從草創時期的一、兩人團隊，發展到團隊規模超過十人的企業。我們之所以反覆犯這個錯，原因可能有千百種，但主要是以下幾種：

1. 我們覺得自己請不起別人來做這件事。

2. 就算真的找經驗豐富的人來做（並放棄自己的薪水），他們也沒辦法或不願意用正確的方式（我們的方式）來做。

3. 就算負擔得起，找了不需要「忘記」先前經驗的員工，我們也沒時間訓練他們。

4. 就算有錢聘請一名有意願、有能力的員工，而且有時間訓練，但我們還是認為他們的能力絕對差我們一截。（這點很奇怪嗎？這才是重點。我知道你很棒，我也知道你長久以來事必躬親，但你可以放手。你必須放手。不會有事的，我保證。）

但有一個辦法。畢竟，本書談的是種植一顆巨大、讓人**嘆為觀止**的南瓜。

如果沒辦法擴大業務規模，你就無法做到。

這是你檢討過往、改過自新的好機會：假如大部分或某部分的工作都由你親手完成，那你就無法擴大規模。就是這樣。事實上，如果你想發展真正的事業、一個按照南瓜計畫步驟建立的事業，你必須**什麼工作都不做**。

記得我在前言說的嗎？這本書會告訴你創業自由的關鍵。沒錯，這正是你為了擺脫束縛所需要的「啊哈」時刻。如果你終於想通，不想再**為自己的企業賣命**，而是**讓企業為你工作**，就必須確保自己的服務或產品，也就是客戶接收到的一切，全都不能靠你來做。只要做到這點，你的主要工作就會變成建立一套可重複的系統，確保每位客戶每次都能享有相同、毫無差別的體驗。每次都是。

還記得甜蜜點嗎？就是在你尋找大西洋巨人種子的三大組成要素時。甜蜜點是頂級客戶、你的獨家產品或服務，以及你的系統化能力這三項相互重疊的區域。接下來，讓我們談談這塊南瓜派當中的第三塊，同時也是至關重要的一塊，那就是系統化的能力。要建立系統化的制度，你必須先退一步。

我知道你很愛自己的事業，現在是時候更愛它了。

我知道你對自己的工作引以為傲，但現在，你應該要變成對公司所做的工作引以為豪。

我知道，把努力爭取來的客戶轉交給剛填寫完新進員工資料表的員工，你的心情非常複雜。但這時你應該要有信心，相信新手的工作品質能跟你一樣好。

你懂的。你內心深處知道自己只能做這麼多！在找出自我複製的方法前，你必須做出抉擇——累到像條狗、四處奔波趕場，卻阻礙公司發展；或者建立一套系統，訓練員工替你工作（你請他們來上班就是為了這個啊），然後公司就能不斷長大、長大、再長大。因為這就是他們的工作，你應該沒忘吧？

成為真正創業家的第一步

還記得我的事業導師法蘭克嗎？我在第一章提到他如何戳破我的夢幻泡泡（還挫傷我的自尊），他說我不是真正的創業家，還不是。為了不讓大家回去翻第一章、打亂閱讀步調，我再引述法蘭克的話一遍：「麥克，你還不是創業家。創業家不會把所有事攬到身上。創業家會找出問題、發掘機會，然後制定一套流程**讓其他人跟其他東西**來完成工作。」

我記得聽到這句話的感覺非常差。法蘭克基本上是在告訴我，我在做一份被包裝美化過的工作，而且陷在「買賣—做事—買賣—做事」的無限循環中，搞得我疲憊不堪、窮困潦倒，滿身長紅斑。我當時還以為我能主宰自己的人生，但其實，客戶掌控我的程度跟混帳老闆掌控我的程度差不多。

問題是，每次我派員工出去服務「我的」客戶，不免都會接到客戶的抱怨電話，每次都說哪裡出了錯，像是「他不了解我們的系統」或是「麥克，你為什麼不自己來處理」。為了留住客戶，我一直代替員工出馬，浪費寶貴的時間，沒有花時間讓公司**成長茁壯**，讓公司**替我做事**。我的員工沒**那麼**糟。他們在九九%狀況下把事情做對，也完成了該做的事，只是在抵達客戶那邊的時候忘記跟窗口打聲招呼，或離開時忘記關燈。這一%的錯誤讓客戶很不高興。這確實是個問題。

後來我想起法蘭克所說的「建立流程」，然後問自己一個更好的問題：「我該如何服務客戶的內容系統化，讓任何員工都能做好，讓客戶不覺得員工跟我之間有差別？」沒錯！這才是對的問題，這讓我很快就開始動手做我最擅長的事，那就是設計系統。

不要誤會，我不是馬上、胡亂把腦中想到的東西一股腦倒出來。要設計出一套紮實徹底、易於實施的系統，讓所有員工都能完美遵循並完成工作，是一段相當漫長且複雜的過程。但這樣一來，最後我就能放手不去「做事」，**並且**讓客戶開心滿意。這樣我才是創業家。

我自己動手服務客戶只要十分鐘，但建立系統可能要花十小時。然而，我經過實際計算才發現我自己做工作的頻率，大約是每週二十次，如果每次都要十分鐘，那只要三個禮拜我花了十小時，而且永無止盡。

這大概是我一輩子最恍然大悟的時刻。建立系統，不過是投資的另一種形式。我在自己的事業上投入了資金（大約一百美元，當時這筆錢還滿大的），接下來則投資了血汗與勞力。我為了服務客戶，多年來疲於奔命。但這項投資已然不再可行，我沒辦法再多工作幾個小時或幾天。體力上辦不到。我這才發現，花時間建立一套系統並不斷改進，讓其他人能完美穩定執行這套流程，不過是一種新的投資策略。就像其他投資一樣，剛開始的回報非常小，但長遠看來卻能得到**豐碩**的收益。

正確無瑕疵的系統好比傑作，可以如實體現出完美簡約的概念。先不要誤會，我不是說系統會簡化結果——系統簡化的是達到目標的過程。來上一堂飛行課吧，這樣你或許能懂我的意思……。

越簡單，越成功

飛機座位前方口袋裡的航空飛安卡，你上一次認真讀完一遍是什麼時候？我猜應該是第一次坐飛機的時候吧。你可能現在連起飛前空服人員的飛安指示表演都不看了。

下次坐飛機，記得把那張護貝的飛安卡拿出來仔細讀一讀。這張卡就是一套設計嚴謹完善之系統的最佳例證，幾乎是藝術品等級了。真的，我是認真的。想一想，航空公司的飛安卡必須讓**每位**乘客都能輕鬆理解。不管是大人小孩、有特殊需求的人、不會講英文的人、無法**閱讀**的人，看太多實境秀的人，還有住在地堡裡**從來不看**電視的人，族繁不及備載……所有人都要看得懂。

光是知道卡片內容還不夠！你，或者你左邊的七歲小孩（剛把果汁灑在你腿上），還是右邊的一百零七歲人瑞（剛不小心噴口水在你腿上），可能都要執行這套該死的流程。要是有狀況發生，你們當中的其中一人或所有人，就必須迅速採取行動，幫助許多人脫離險境。

你知道嗎？要大家都可以理解（也包括七歲小孩）、每個人都做得到（包含狂滴口水的爺爺）。包括你，包括我。

我為事業規劃系統時，總是遵照所謂的「飛安說明卡法則」，我會不斷拆解、拆解再拆解，直到這套系統能放入一張護貝紙，而且還能讓所有人輕鬆理解並執行。然後，我會測試看看是否可行。如果公司的接待人員做得到、銷售人員做得到，如果送披薩的人做得到，那這套系統就能正式上場。如果不行，我就會繼續修改調整，直到達到這個目標。

有一點我必須說清楚：這可能會無聊到讓人想死。就算你有全世界的時間，還是會厭倦拆解步驟。你自己已經熟練工作流程，執行業務駕輕就熟，不需要刻意思考，但要對外人解釋就沒那麼簡單。你只是在「做你在做的事情」，對吧？你的工作方式無人能複製。

這是錯的。

只要你花時間說明做法，任何人都可以複製這套流程。你如果可以把自己的系統放進你專屬的飛安說明卡，這套系統才能被所有人理解並掌握。這套流程看起來很簡單——望向窗外，確保一切安全，拉下紅色把手開啟機艙門，拉下黃色拉環，逃生滑梯會自動彈出來，然後跳上滑梯，拉動救生衣上的拉環，如果救生衣沒有自動充氣就自己吹氣。

對於航空公司的乘客（員工）來說，這套流程簡單到不行。但對於開發出這套流程的航空業而言，這需要幾十年的努力。想想看滑梯就好。滑梯藏在機身當中，緊急狀況時只要拉動一個拉環就會完全充氣彈出。然後，當五十個人命懸一線，只要再拉動另一個拉環，滑梯就會變成充氣筏，能在海上漂浮航行，就是這麼猛。這套系統超級驚人。你可以拯救生命。耗費數十年設計出這套系統，就能讓人輕鬆、簡單、快速執行工作。你在自己的企業中投入心力開發出一套系統時，回報也會如此可觀。

想像一下，如果你可以仰賴團隊，仰賴他們每一次的優質服務或高品質產品，你的業務發展的速度會有多快？有多少你以前推掉的案子，現在有辦法接了？你能否擴展業務到以前想都不敢想的領域？你可以接下、服務多少頂級客戶？最重要的……你是不是終於能去度假，就算一整個月都沒到公司，還是能繼續賺錢呢？

知道飛安說明卡為何能讓你獲得自由了嗎？

給任何決策的三大指引

如果你跟許多曾與我面對面工作過的創業家一樣，那我敢打賭，我完全懂你現在的想法。不要嚇到，也不要覺得奇怪。你會想：「我的業務比墜機複雜多了。我是說，飛機失事迫降只會降落在陸地或水面。是很嚴重，但這是可以預測的。我會碰到的狀況卻有幾百種，不對，是幾百萬種。我該如何教團隊去應對？」（我猜到你的內心話一定會包含「這樣不對」，沒嚇到吧？就是這麼神準！）

運用三大問題，員工團隊就有能力去處理不可預料的情況。你建立了系統，也就是給員工方向來讓他們管理自己的思想——我說的不是極權獨裁者的那種思想控制。我是說，你必須建立一套能讓員工跟你**思考一致**的系統，當遭遇意外情況，他們就可以採取適當行動。當你開發出一套系統，讓員工用你的方法執行業務、用你的方法思考，沒錯，我想你已經達成不可能的任務：你幾乎是複製出好多個自己。更妙的是，你建立了一個不需要你疲於奔命的企業，再也不用。

多年來，我想出三大問題，三個簡單卻強大的問題。如果按順序提出這三個問題，員工就有機會去思考，做出永遠對公司最有利的決定。這非常有效，有效到你會想把它們寫在紙上、貼到每個員工的辦公桌……或是刺在每個人的額頭上。不對，這樣他們就看不到了。

以下是三大問題，順序為：

1. 這個決定是否能提供客戶更好的服務？
2. 這個決定是否能改善、或維持我們的創新領域？
3. 這個決定是否能提升、或維持我們的獲利能力？

員工做決定或採取行動之前，必須自問這三個問題。如果不能對這三個問題肯定地回答「是」，他們就知道不該繼續進行。其實，每次**你**要做決定的時候，也應該先問自己這些問題。你應該要開發那項產品、取消那項服務、改變地點、雇用新的合作夥伴、換廠商、改變價格嗎？我不知道，你的回答是三個「是」嗎？

現在你已經知道，用南瓜計畫來規劃事業的關鍵，在於瘋狂地把焦點擺在頂級客戶身上。客戶是最最最重要的。目前為止，你所做的一切都是要提供頂級客戶更好的服務。那麼，你知道嗎？你的員工也必須追求這個目標……不斷努力、提升頂級客戶的體驗。不管做什麼，員工永遠要先替頂級客戶著想。

思考下一個問題之前，員工必須對這個問題給出肯定的「是」。他們如果相信自己的決定會使頂級客戶受到更好的服務，就要先確保這也符合你公司與客戶關係的最大利益。創新領域是你與競爭對手不同的地方，也就是客戶跟你買東西的主因。永遠都要往創新領域去突破發展，才能一直領先競爭對手。將這種思維深深植入員工的思考系統，你自然就能不斷推進創新領域，對你有利，對客戶也有好處。

最後，你必須確定自己有在賺錢。假如有員工對第三個問題說「不」，那你可能會踏上險路。就算客戶很開心、服務很創新，賠錢還是會讓公司破產。有太多公司獲利越來越少，是因為他們認為「拜託，三個做到兩個就可以了吧」。錯了，結果到最後，他們得拼老命從財務危機中拯救公司。

三個問題的答案都是肯定的，那表示可以執行。員工可以直接做，無需和你商量，你也不需要祝福他們。不用魔法棒，做就對了。如果不能對三大問題說是，那答案也很清楚。停，別做了。

現在看著這三大問題，你必須做一些以前可能沒做過的事……你必須讓員工知道誰是頂級客戶，以及為什麼是頂級客戶。你必須讓他們知道公司的創新領域，還有他們如何能讓公司更獨一無二。你還要讓他們理解你的公司如何賺錢、如何花錢，例如他們的薪水。換言之，你必須要讓他們有一種自己也能影響公司業績的感覺。

運用這三大問題相當簡單，只需要堅持下去。下次有員工問你在特定情況下該如何反應，就請他們告訴你他們心裡對這三大問題的思考過程。（提示：他們要求你指示，大概是因為還沒問自己三大問題。）

這三大問題能解決你業務上的所有事嗎？並不能。下次你要採購衛生紙，應該不可能會因此提供客戶更棒的服務（除非他們喜歡偷偷跑來用你的廁所），而且也不可能提高你的利潤。然而，如果談到客戶服務以及客戶購買的產品，這三大問題從不會讓我失望。

只要擺脫事必躬親的心態，你就會建立起高效率的系統，製作出你專屬的飛安說明卡。你能利用這三大問題，判斷自己在任何情況下的行動是否正確，而你和員工的能力也會因而更強大。恭喜你，你現在是創業家了。

執行計畫——在30分鐘內行動

1. 拆解

將你最常替客戶執行的任務拆解成詳細的說明步驟。不管你是提供服務還是製造產品，都要仔細說明從頭到尾的整段流程。哪些是關鍵要素？你會用哪些小技巧或特殊習慣來讓客戶印象深刻？哪些是絕對不能做的禁忌？全都記下來，就算需要一整面佈告欄才能寫完，也注意別漏掉任何重要細節。

2. 再拆解

現在繼續深入拆解，把你錯過的資料補進去。你一定有忘記什麼東西。有哪些關鍵步驟是你已經習慣成自然的？你的工作方式跟員工有哪裡不同？客戶為什麼比較喜歡跟你工作？客戶有哪些期望沒說出口？你如何做到低承諾、高達成？

3. 再拆解一次

接下來，把你從腦中倒出來的所有工作流程資訊，都濃縮成易於理解的步驟。我要你寫的不是一整本指南，而是把這套系統製作成你專屬的飛安說明卡。

4. 印出來！

將這三大問題印出來，貼在桌子上。養成習慣，在面對任何決定時總是要問自己這三大問題。架設新的官網？結束某項服務？雇用新員工？用這三大問題來過濾每項決定，然後等你對這套系統有感覺之後，就印給大家，讓他們貼在桌子前開始練習。

☑ 實踐計畫——在「服務業」種出大南瓜

你這輩子的夢想是開家餐廳，你的廚藝也廣受親朋好友稱讚。這是你向全世界展現才華的機會。穿上圍裙，幫自己倒杯酒。接下來好好享用南瓜計畫規劃你的事業。

你經營的餐廳專門提供美味可口的懷舊料理，就是以前奶奶會做的那種菜。你以為餐廳會高朋滿座，每張桌子都有預約，大家都迫不及待想吃奶奶的燉肉。但事與願違，你跟兩個街區內的十家餐廳競爭……而且表現有點慘。雖然大部分時間沒人光顧，你一天還是工作十九個小時，還跟媽媽借錢在當地報章雜誌上刊登廣告。

你從填寫評估表開始，以你最常看到的二十位顧客來填。布萊恩、夏洛特還有安德森夫婦，每週有三個晚上會帶他們的五個孩子來用餐。他們超討人厭，服務生還會猜拳決定要誰去服務他們（吵到最後，有個服務生還真的拿出剪刀）。還有比爾跟史蒂夫這兩位律師，他們幾乎每個上班日都會帶客戶來吃午餐，花在酒上的錢比花在食物的還多。還有特朗普特太太，這位和藹可親的老太太，每週二跟週五下午四點半就會出現，想跟你討早鳥優惠（但其實沒有），而且她每次都會把食物退回三次。最後還有三對很常去劇院的夫婦、六位常帶潛在客戶來的創業家，還有幾對每週六晚上會出門約會的情侶。

填完評估表，你知道哪些客戶讓你痛不欲生（安德森一家）、哪些讓你賠錢（特朗普特太太），所以你決定把他們放掉。因為不喜歡某人就拒絕提供服務，這是違法的，所以你必須想辦法讓他們不想再來。

你受夠破碎的玻璃杯、塗滿蠟筆的牆面還有吵鬧的小孩，所以發現該離開的不只有安德森一家，而是所有帶小孩來用餐的家庭。有孩子並不是壞事（你自己也有兩個），而是這些小孩會嚇跑消費力高的客戶——這些客戶希望你的餐廳像是小型度假場所：美味的料理搭配優雅有深度的聊天內容。

餐廳在晚上八點之前通常很冷清，所以你調整營業時間，將晚餐時間從五點推遲到七點，這時爸媽已經幫小孩洗完澡了（偷偷改掉，效果很好）。你停止提供兒童餐，也不讓嬰兒車進入餐廳（大膽，超大膽）。當然，媽媽部落格跟論壇上的網友一定會痛罵你，但你也不想讓他們到你餐廳來，不是嗎？安德森夫婦很氣，但他們想通了，決定去光顧（騷擾）不遠處的主要競爭對手。

而且，因為你改變營業時間，特朗普特夫人恨死你了。她「永遠不會再來你店裡吃飯」，太棒了！你的員工都超開心。他們買了一個寫著俗氣的「最棒老闆」的馬克杯給你，還跟你擊掌。

你瀏覽跟服務家庭顧客的一切相關支出。你無須再訂購冷凍雞柳條跟薯條、刪掉蠟筆的預算，桌布清潔開銷也變超少，而且不需要在當地親子雜誌上刊登廣告（不用再跟媽媽借錢，你媽也更愛你）。由於不用挪出空間來放嬰兒車或嬰兒座椅，你可以加幾張桌子來賺更多錢，太棒了。

現在，你已經把最讓人頭痛、消費金額最低的幾組客人趕跑，能開始專心服務頂級客戶了。你發現比爾跟史蒂夫是目前最棒的客戶，而那些創業家則是第二名。所以，你決定把服務重點擺在這些招待客戶的專業人士身上。下次比爾和史蒂夫光顧時，你打算走到桌旁，詢問能不能坐下來跟他們聊個十分鐘（任務：得到他們的願望清單）。

你問：「你們想要所有餐廳替你們做到哪些事？我們該怎麼做，才能讓你們有完美的用餐體驗？」你給他們一些想法，讓他們放心暢所欲言、**提出要求**。「比方說，你們會喜歡記帳的制度嗎？或是對葡萄酒或食物有特殊需求嗎？」你問出他們對這個產業的願望跟小抱怨。「在餐廳裡，哪些事情最讓你們不滿？」

這時，他們透露的不滿讓你超震驚，完全想不到。比爾和史蒂夫表示，他們幾乎都是在你的餐廳進行業務討論和銷售。他們喜歡跟客戶約在你的餐廳見面，因為餐點美味，地點也很理想。他們說，他們帶客戶來你餐廳時幾乎都是按時計費。但問題是，客戶常常走出餐廳接電話，而比爾和史蒂夫就必須暫停計時。

這時，他們告訴你心中最大的願望：能不能讓餐廳成為一個禁止使用手機的地方？你表示這個點子很不錯，說隔天就會貼出公告，而你當然也馬上超乎承諾地完成。比爾跟史蒂夫再次光顧，發現門上貼著「禁用手機」的標語。他們臉上揚起微笑。你聽到他們的心聲，也在乎他們的需求。你想幫他們賺錢。

但你也想出一個絕妙的點子。你告訴比爾跟史蒂夫，你裝了一個干擾手機訊號的設備，這樣就算他們的客戶無視「禁用手機」的標示，依然還是無法在桌邊接電話。太聰明了！比爾跟史蒂夫很感動，畢竟你增加了他們的計費時間！你費盡心思討好他們，他們也將成為你的終身客戶。

你知道請他們介紹客戶通常不會有什麼結果。所以接下來，你請比爾與史蒂夫介紹他們喜歡合作的服務廠商。其中有一家豪華轎車公司，也就是鮑伯菁英汽車服務（Bob's Elite Car Service）。你打電話給鮑伯，要求會面，一起想辦法來提供共同客戶更棒的服務。

鮑伯提到他每週至少會派一次車將客戶送到你餐廳。你原本根本不知情。你開始提出各種問題，想知道如何讓他的工作更輕鬆。

「你需要專屬車位嗎？比爾跟史蒂夫準備結帳時，需不需要服務生去提醒司機，這樣當客戶走出餐廳，司機就會『神奇地』出現在門口呢？你想不想在廚房裡面放張小桌子，讓司機可以邊等客戶、邊吃點東西？如果幫他們準備外帶咖啡或瓶裝水會比較好嗎？」

鮑伯在這個產業已超過二十五年，從沒遇過有人像你這樣。根本沒有。

現在，你跟鮑伯是最好的朋友。鮑伯告訴旗下所有司機，說如果有頂級客戶在找餐廳，就一致推薦你的餐廳。突然間，你餐廳裡充滿打扮體面正式的男男女女，你忙著收錢數鈔票，這些人則各自陪客戶喝酒、吃古早味燉肉。看出是怎麼回事了嗎？

第十二章

打破市場曲線

當南瓜足夠巨大，
你就不用再想辦法迎合市場。
打造你的專屬曲線，改寫既有的供需法則。

我賣掉奧爾梅克股份的隔天早上，就創辦了新事業（上癮的人不會休息，對吧？）。我承認自己真的上癮了。找到方法讓第一個事業爆炸性突破之後，我就著迷了。我本來可以休息幾個月、放鬆一下，但知道如何從一個小小的想法中培養出快速成長的企業，就會想要一而再、再而三地去做。如果你不斷實行從這本書學到的東西，馬上就會懂我的意思！

我和新的合作夥伴成立一家電腦鑑識公司……有點像《CSI犯罪現場》，但沒那麼血腥。我沒有投資半毛錢，第一年營收六十萬美元，第二年為一百七十萬。第三年，在我賣掉股份時已經是兩百五十萬，隔年又馬不停蹄繼續成長為七百二十五萬美元。

早期大部分的客戶都是私人企業，他們想找出公司內部人為過失的證據；有些個人客戶則想些有助於打官司的證據。但創立六個月後，我發現我們開始接到律師的電話，他們正在找人來承接他們的客戶，**任何人**都行。多數電腦鑑識公司的經營者都曾經是執法人員，都不願意接刑事辯護的案子。所以律師根本找不到鑑識公司協助。

我想：「我願不願意跟辯護律師合作，協助殺人犯、盜用公款者，還有白領階級罪犯脫罪呢？」我發現這些人**有可能**是無辜的，就算不是，我們也有辦法找出他們有罪的證據證明。我們是真相的傳播者。我們找出證據並提出，無論有罪無罪、承認還是否認，證據永遠會說出事實（真的像是CSI）。

所以在一夜之間，我們成為少數（也可能是唯一）願意接手刑事辯護律師的客戶的鑑識公司。我很努力，但就是找不到任何一個競爭對手，而客戶也找不到願意接的。這就是我們在短時間內成名的原因。我們不需要為了行銷業務而四處奔波或投入大量資金。客戶蜂擁而至，我們可以選擇要跟誰合作。真的很棒，太棒了。

第二年，安隆公司打電話來，沒錯，就是**那家**能源公司安隆。他們捲入奈及利亞的運油船審判中，那正是末日的起點。肯尼斯．萊（Kenneth Lay）和他團隊的刑事辯護有鑑識需求，我們當時已經名聲響亮，是最顯而易見的選擇，也是**唯**一選擇。我們接下這個任務，六個月後，我們的三人團隊找到政府找不到的東西：證據顯示，安隆公司跟美林證券（Merrill）勾結，竄改財務數據、浮報利潤。這個故事很長，大家可以自己上網查。反正他們就是一群說謊的騙子，就這樣。

我的團隊一找到別人找不到的證據之後，安隆的律師在十三分鐘內把我的人送上私人飛機：他們不想要我們被對造律師傳喚作證。最後這也不重要了，因為他們全都進了監獄。總之，這公開證明我們是高手中的高手。

我們因此爭取到更多客戶，名人也上門求助（我不會說是誰）。我們專門服務接受刑事調查的客戶，所以不再爭取其他類型的案件，這表示我們不用在市場中與人競爭。相反，我們開創**屬於自己**的市場，而我們在其中是唯一選擇。競爭對手當然會出現，但他們只是不起眼的學人精。而且，由於我們在這個市場站穩了腳步，於是很快就爭取到其他非刑事案件的客戶，一切水到渠成。我**當然**執行了南瓜計畫，但成功的關鍵因素在於，我們不只淘汰有問題的客戶，還打破了曲線。

打破消費者需求的假象

你知道鐘型曲線（bell curve）最爛的地方是什麼嗎？那就是你的表現是取決於別人的表現。所以，如果你不是天才，但又想在考試中有好成績，就只能祈禱班上有一半的人宿醉或忘記讀書。

產品到市場曲線（product-to-market curve）看起來就像鐘型曲線，大家都在努力尋找曲線上的最佳落點，想藉此稱霸市場。他們想早點進入市場，來充分利用「消費者需求」。大家都誤解了，以為曲線代表消費者需求，但事實上那代表的是**基於供應**的需求。換言之，這並不是民眾想要的東西，而是他們在現有產品或服務中最好的選擇。而且，消費者需求之減弱的原因並非時間推移，而是根據現有選擇而改變。消費者不會對產品或服務厭倦，而是會對創新有所回應。

來談談錄影機吧（你還年輕的話……錄影機是神奇的盒子，可以播放大型磁帶上的電影。等等，你可能也不知道磁帶。算了。反正你現在可以在家看電影，但以前要看電影必須去真正的電影院……除非電視有播）。美國人很迷錄影機，這並不令人意外，因為他們有史以來第一次能在家看電影。製造商也瘋狂加入這波潮流，市場競爭無比激烈，直到DVD播放器問世，所有人突然間能用DVD觀看電影及附加內容，而DVD永遠不會磨損。DVD播放器絕對打壞了錄影機的曲線，卻沒有完全讓需求消失，因為這依然是同一種產品的變化。雖然DVD比錄影機更適合放電影，但如果要錄製電視節目，錄影機當時還是略勝一籌。數位錄放影機（TiVo）後來出現了，我的天啊，大家立刻**變心**。可以錄下自己喜歡的電視節目，不必特別去學要怎麼設定；可以錄製好幾個節目，甚至還能讓電視**暫停**。TiVo不僅削弱錄影機的曲線，還將其完全消滅。

當創業者努力想趁早擠入曲線、往上爬，他們就已經搞砸了。他們看到一股趨勢，想參與其中。他們現在專心想打敗競爭對手，但問題在於，他們應該是玩一場跟競爭對手完全不同的比賽。如果你會說「我有競爭對手」，那你就知道自己正在曲線上；如果你根據競爭對手的表現來衡量自己的成績，那你就不是在創新，只是在努力做出更棒的錄影機。在跳蚤市場上，這個討人厭的老東西連五塊美元都賣不掉。

你不能繼續擔心自己的產品在產品到市場曲線上的位置。你必須創造出與眾不同的東西，讓這個曲線變得過時。你必須殺死這個曲線。

跟市場唱反調的180技術

我在第八章提過，如果你的名稱與定位與競爭對手相同，顧客就無法分辨你們有何區別。對他們來說這太複雜，他們分不出來，連嘗試都不想。

打破曲線的方法之一，就是給自己新的定位與名稱。太陽馬戲團就是如此，他們不跟世界上的其他馬戲團競爭。他們決定在身上貼不同標籤，成為太陽馬戲團。新名稱確實有點出「馬戲團」，但乍看之下又不一樣，潛在消費者忍不住會問：「那是什麼意思？」獨特出眾的標籤讓他們成功吸引消費者目光。

太陽馬戲團沒有止步於此，一百八十度顛覆馬戲團的體驗，改變馬戲團提供娛樂體驗的方式（像是搖滾樂、特技演員，還有，呃……有點太緊的緊身衣）。他們不只是不同類型的馬戲團，還創造出完全不一樣的、前所未見的東西。他們創造自己的曲線。

開創新業務、或重建原有業務時，首先要替自己的業務貼上新標籤。因為客戶沒辦法輕易解讀新標籤，所以會問：「這是什麼意思？」這時你就有機會解釋你與眾不同之處、你業務的關鍵要素，或是讓你能顛覆市場現有選擇的產品。

說到底，標籤只是名稱，你最後還是得靠口碑跟信譽來支持業務。你需要真本事。你可以用「180技術」來做到，這是我最愛用來打破曲線的方式之一。首先，你必須分析自己的產業，並定義所有因素跟特性：關於這個產業的所有設想是什麼？然後問自己：「跟這些設想完全相反的事情是什麼？」

比方說，消費者對加油站的了解有以下三點：設在戶外、有汽油味，還有大部分都態度很差的服務人員。完全相反的加油站會在室內、有空調、沒有臭味，服務人員會幫你加油、檢查油量、幫你洗車，還會幫你預訂晚餐。（我還沒想到如何在室內去除汽油味，可能會用空氣過濾或真空裝置吧。但你懂我的意思。）

商業銀行（例如北美多倫多道明銀行）靠著「沒有多餘費用，不浪費時間」的宣傳口號，來提供顛覆市場的服務。商業銀行不再追趕其他銀行，而是當成速食店在經營。突然間，客戶能在自己方便的時間到銀行辦事，不會因為一些小錯被罰錢；突然間，客戶能在當天完成其他銀行需要幾天才能處理的服務；突然間，商業銀行再也不像其他銀行。他們打破曲線。許多銀行還在掙扎奮戰，但商業銀行不斷成長、成長、再成長。

影帶出租店的例子也可以說明。以前，你會去附近的錄影帶出租店租最新的錄影帶。走進店裡，你開始像翻書一樣翻看架上的數百部電影，試著找到最新出的《致命武器》（*Lethal Weapon*）。但這家店只有一片，有人六年前就租走這部電影，而且一直沒拿來還，所以你最後選了《親密關係》（*Terms of Endearment*）……只好再看一遍。

後來百視達出現，市場有了一百八十度轉變。他們提供顧客幾十部，有時甚至超過一百部最新發行的電影。就算你在打烊之前走進去，也能租到最新的電影。他們也用不同的方式來陳列：讓影片正面朝外，顧客可以輕鬆找到自己想找的電影。百視達徹底打破曲線，幾乎所有獨立經營的錄影帶出租店都關門大吉。好萊塢影視（Hollywood Video）跟其他連鎖店爭相模仿，跟百視達搶生意，卻永遠無法擊敗百事達。為什麼？因為百視達當時創造這條曲線，並繼續將曲線推向新高度，其他人只是在搶剩菜剩飯。

接下來又有了網飛（Netflix），做法跟百視達完全相反。不是按照電影數量來收費，而是按月計費。顧客不需要去店裡挑電影，而是在家等快遞送電影上門。顧客不用再付蠢到不行的逾時費，電影想留多久就留多久，不需繳納罰款。網飛一百八十度翻轉百視達的市場，再次打破曲線。百視達在二〇一〇年申請破產保護。

那網飛創造的曲線呢？其他公司會出來打破，或許是經營影片租賃機的Redbox，或經營網路機上盒的Roku，也可能完全出乎我們意料。唯一能確定的是，這即將到來……而且會跟網飛截然不同。

注意，商業銀行、百視達跟網飛做出一百八十度顛覆市場常規的舉動，來解決消費者對其產業的主要不滿。不便利的營業時間、超緩慢的服務以及高額費用，這些都是銀行業的常態，也讓我、你和其他活潑的美國人很受不了。家庭式錄影帶出租店讓人失望，因為你想看的電影他們竟然只有一份！百視達解決這個問題，但消費者對他們規定的逾時費依然抱怨連連，甚至有人會在電影、電視和流行文化中拿來開玩笑。

如果你想創造新曲線，就得做點瘋狂的事，一件沒有人想像得到的事。而你做的那件瘋狂的事必須真心誠意，一百八十度改變不能只是為了炫耀。目的應該是為了解決客戶願望清單上的抱怨和問題，是為了客群的最佳利益而挑戰現狀。這麼做，是因為當你創造出新的曲線……就擁有了整個市場。

就差這個「最」

另一種創造新曲線的方式，是讓你正在做的事情變成「最〇〇」的。最快的、最便宜的、最慢的、最性感的、最有趣的、最可怕的、最奇怪的、最酷的，成為最極致的那一個。每個人都知道瑞典的「冰旅館」（ICEHOTEL），但絕對沒人聽過那數十萬家空調很爛的旅館！

如果你的產業有所謂的金氏世界紀錄，你一定會想當上裡面最極端的，然後開心傻笑。「最」極端的東西永遠沒有人能比得過，所以你必須成為那個「最」。你很快就能創造出屬於自己的曲線。

執行計畫——在30分鐘內行動

1. 分析產業常規……然後逆向操作

哪些行為、系統和規則在你的產業裡被視為「正常」，或甚至是必然？分析這些特性，找出產業中常聽到的規範或潛規則，然後想辦法逆向操作，來推出全新、意想不到的東西。請記住，如果你要一百八十度顛覆產業，那這項改變必須真心誠意，而且必須符合你的甜蜜點。不然你就只是在耍帥出風頭。

2. 回顧願望清單

一般來說，如果能解決客戶經常抱怨的問題，就是將一百八十度策略執行到最成功的境界了。回顧客戶的願望清單，找出你能解決的抱怨，來真正顛覆你所處的產業，創造出一條新曲線。

3. 找出你的「最」

當你成為某方面的「最」，比方說最大、最亮的、最臭的，你就能創造自己的曲線。要找到自己的「最」請先回到你的創新領域，也就是第二章提到的，並從那裡開始。如果創新領域是價格，那顯然你需要成為該地區最便宜的選擇。如果賣點是速度跟效率，就必須當最快的，但當然也可以是最簡單、最方便或最容易取得的。如果創新領域是品質，那你就有很多「最」可以玩了。你可以是最漂亮的、最大膽的、最快樂的、最聰明的……等一下，這聽起來有點像高中生在比較。然後呢，這一點都不奇怪，當你找到自己的「最」，就會成為「最可能成功的人」。你覺得這太老套？別打我。東西就在那裡……沒別的選擇。

第十三章

種出巨無霸南瓜，然後呢？

當你的事業已經走出自己的路，
你的種子能不能在下一季度繼續成長茁壯？

賣掉第一個事業的股份之前，我就知道自己會創辦新事業。我有個計畫。我賣掉第二個事業的股份之前，就知道自己會再創辦黑曜岩顧問公司，也就是我的第三個事業。我正在發展黑曜岩顧問公司，就像你也在培植自己的事業。我最後會把這間公司賣掉，大概在十年內吧，誤差一到兩年（有絕妙時機也可以）。我可能會開創新業務……搞不好賣掉隔天就開始行動。不論如何，在賣掉現有事業之前，我就會有新的想法、找到一顆新的大西洋巨人種子。事實上，我正在思考新方向，而且是慢慢地、有選擇性地思考。我不急著找到下一顆大西洋巨人的種子，因為我正在種一顆巨大南瓜，一點都不急。但等到種植季節再次到來，我會做好準備。

為什麼我會這樣？

嗯，部分原因是我癡迷於創辦和發展又大又圓又成功的業務。（我老婆說可能是因為我有點走火入魔了……是癡迷還是走火入魔，你們自己解讀囉。）

還有另一個原因，是因為萬物都有時節規律……業務也是如此。南瓜不會永遠存在，最後你還是得種下新的種子、重新開始。

南瓜計畫之所以有效，部分是因為這份計畫聚焦在頂級客戶，讓你幾乎完全圍繞著他們的需求打造出百分百適合他們的產品或服務。然而，這也代表如果產業凋零，你的業務也會消失。如果所有避險基金公司都煙消雲散，我的第一家公司很快就會化為塵土。

南瓜會死，巨大南瓜也不例外。所以你需要從巨大南瓜中取出一顆種子，並在你準備好的時候用它來種出新的南瓜。你這樣做的**唯一前提**，便是當第一顆南瓜已經堅如磐石、能自行運作。拼命讓所有南瓜同時長大的農夫會把自己累死，這應該不用再提醒你了吧？不僅累人，也不會有結果。一次只種一顆巨大南瓜；南瓜長大、強壯、健康之後，再去種下一顆。

多大才叫大？某些企業的「大」是一千萬美元，但也可能是一億，甚至是十億。無論如何，我還沒看過總營收低於一千萬美元的公司成功辦到這點（但我相信這有可能）。

別被嚇到。我不是要你把公司賣了然後創一家新的。我是在說，要準備好種新的東西。也許你會讓業務發展出全新面貌，ＩＢＭ就這樣做：拋開電腦生產，發展新的服務業務。你可以找到新的利基市場，讓你既能發揮自己的頭號優勢，又能提供頂級客戶更棒的服務（想想卡駱馳〔Crocs〕或是Google這些突然竄出頭的新創公司，數也數不清）；或許你會創造新的曲線（TiVo當時就做到了）。你**可能會**賣掉自己的巨大南瓜，開辦一種新業務。這無可避免。要繼續創業經商，你就必須不斷開發新**東西**。

超級成功的創業家知道如何改頭換面，並且重新替公司注入活力。本書中，我提到已故的賈伯斯締造的傳奇。他堪稱南瓜計畫的完美典範，不斷種下傑出優異的企業種子。首先，他創辦蘋果，這是他第一家成功的個人用電腦公司。接著，他創立NeXT，一家電腦平台發展公司。然後他又買下一家小型電腦圖學公司，當時名為圖學集團（The Graphics Group），後來他將公司改名為皮克斯動畫工作室（Pixar Animation Studios），並著手把它種成一顆巨大南瓜，在票房上足以壓過迪士尼（最後迪士尼屈服，將皮克斯買下來）。他最後回到蘋果，推出其他突破創新的科技，像是iPod、iPhone和iPad，每次都成功創造新曲線。

賈伯斯是現代絕佳典範，但他的創業過程並不新鮮。事實上，你也可以在古代找到這種案例（看一下歷史頻道就知道了）。不過，在古希臘或古羅馬，創業並非常態，那些身穿白袍、涼鞋的貴族覺得創業配不上他們的身份。他們不太喜歡創業，懂我意思嗎？

最近跟一個朋友聊天（她是博士型的人），她對於歷史的教訓很有感觸。她告訴我有一位罕為人知的創業家叫帕希歐（Pasio），是公元前四世紀的希臘人，是一名奴隸。他為兩位銀行家賣命，但根本沒有領薪水（有沒有很熟悉？），最後往上爬，成為雅典分行的主任（好奇他們有沒有雙輪戰車的停車場？）。

銀行在帕希歐的管理之下賺了非常多錢，銀行家於是放他自由。銀行家過世之後，帕希歐買下這家銀行，很快就躋身雅典的富人之列。他大可將銀行交給奴隸來經營，或者繼續當銀行的奴隸，但他卻建立一套制度，還雇用自己的得力助手（也是被解放的奴隸）來替他經營。

然後，因為他知道如何種出雅典人沒看過的巨無霸南瓜，所以他決定再做一次（好啦，雅典人不**種**南瓜，但你已經很熟悉這個比喻了，先別挑剔）。帕希歐想再種下另一顆大西洋巨人種子，所以創辦了新事業：一家替雅典軍隊製造盾牌的工廠。這就是創造新曲線的方式，太讚了帕希歐！這個點子確實聰明，畢竟希臘人跟羅馬人打了不少仗啊。

帕希歐替他的主人（銀行家）種出巨大南瓜，並且在把南瓜買下來之後又把它種得更大。然後，他成立一家新的公司（盾牌工廠），運用自己的知識跟影響力，把這家工廠建造成另一顆巨大南瓜。成功才能帶來更大的成功。即便在古代也是如此。

不管你決定如何培養業務的下一季，關鍵在於，要從你那少數幾顆大西洋巨人種子中種出東西。要努力實行南瓜計畫。你即將擺脫倉鼠滾輪，你將從處處可見的創業陷阱中解救出來。你即將撼動客戶的世界、成為產業龍頭，也就是獲獎的巨大南瓜。成功的種子，是由創新、努力和才華組成——那你為何還要重新開始？

以我來說，我先是創辦電腦維修業務，又建立電腦犯罪調查公司。接著，我開發出行為網站設計業務。雖然應用不同，但我的所有業務都以科技為基礎。重點在於，不只要在你的知識特長上建立業務，也要培養成功的習慣。

現在你讀了這本書，知道該怎麼做了。把內容付諸實踐時，你就具備執行南瓜計畫的**經驗**，而這就是成功的經驗。如果你能成功執行一件事，就能在其他類似的事情上成功。

熱情為堅持的源頭。你已經具備了。堅持為成功之母，而成功會帶來更多成功。當你已經發展出成功企業，以此成功為基礎，再創造一個新的產品或服務，或是專精的定位及業務，你就會更容易成功。客戶接受它，也會**期待**它。

所有事情都會有變化。南瓜計畫不只能拯救你的業務（跟你的生活），還能協助你發展出一個巨大、成功的事業。然而，就連獲獎的巨大南瓜最後也會死亡腐爛。所以，一旦達到巔峰，絕不能讓事業停滯不前。

到了下一「季」，不管是明年或十年後，在你種植另一顆巨大南瓜的同時，就讓你的大西洋巨人種子發揮魔力吧！

第十四章

你的南瓜計畫，你的故事

回到你的評估表，
是時候實現你的真正夢想了！

我在整本書中，講了十一個用南瓜計畫來規劃各行各業的故事。現在，該換你寫下自己的故事了。你會如何用南瓜計畫來規劃事業？你會怎麼培植你專屬的那顆巨大、**無與倫比的**南瓜？

你創業所採取的有效策略，並不會讓你得到一顆巨大南瓜。一開始，你必須相信直覺，對所有客戶與機會說好，並且事必躬親、在沒有實際經驗與技能的情況下去做頗有難度的事。為了發展出你創業時設想的數百萬美元業務，你現在要淘汰沒有發揮效用的東西，並培植真的**有生產力**的，最後開發系統來複製這段過程——這就是南瓜計畫的精髓。

你有能力發展出優秀的業務，也能吸引一群值得你投入時間、心力與宏大想法的客戶。你有能力建立一個成為產業標竿的事業，也有能力來用有意義的方式來貢獻整個世界：你會透過創新發明、透過創造就業機會，並且樹立典範，證明自己在冒著風險去追求偉大、瘋狂（而且，沒錯，是可以實現的）的夢想時，所能締造的成績與成就。我相信你。我真的相信。我對你的信任強大到寫出這本書來證明。

第一步很簡單，完全做得到：填寫評估表。只要排開一些小事，你今天就能完成這步驟。不知不覺中，你就有專屬的南瓜計畫可以分享了。等你做到之後，希望你能把故事寄給我。

你還在等什麼？

開始吧！

致謝

我在此提及的每個人該得到的感謝，絕對都超乎文字的範疇：一個有點尷尬、大大的擁抱，還有一根古巴雪茄搭配一瓶香檳或許比較適合。但在這裡，能向所有我想感謝的人致意，希望這就已足夠。

首先，我想感謝我的寫作夥伴，安雅奈特．哈伯（Anjanette Harper），我們絕對是史上最棒的團隊。我已經等不及要讀一讀妳即將出版的書了（聽說那本書有點辛辣，而且超級精彩）。我絕對會搶第一個衝去買。

我想給老婆克莉絲塔（Krista）一個大大的擁抱、捏一下她屁股（在公開場合好像不太適合這樣）。謝謝妳堅定不移的支持，尤其是當時我告訴妳我有個很棒的點子，可以寫一本商業書……關於南瓜的商業書。泰勒（Tyler）、阿黛拉（Adayla）跟傑克（Jake），我愛你們。希望這本書不會像上一本一樣讓你們尷尬。你們的爸爸寫的書都關於衛生紙、南瓜跟其他怪東西，你們應該常常被朋友嘲笑吧。

感謝我媽（非官方的銷售大軍）跟我爸（非官方的法律顧問），還有我大姐麗莎（Lisa，我身邊最偉大的官方啦啦隊員）。

札里克・伯格辛（Zarik Boghossian），了解你就是愛你。你是一位了不起的朋友、偉大的導師，還是烤肉大師。繼續製作你最拿手的亞美尼亞糕點吧！衷心感謝那些促成這本書的人：經紀人瑪莎・卡普蘭（Martha Kaplan），妳跟我超級互補，還有約翰・揚斯奇（John Janstch），你是一位超厲害的作家跟慷慨大方的朋友。

感謝企鵝出版社（Penguin）的大家，對於我瘋狂的想法，你們永遠都抱持著歡迎、開放接納的態度。我要特別感謝我的編輯布魯克・凱瑞（Brooke Carey），有了你一針見血的建議，這本書變得更好……大概也變得沒那麼惹人厭。感謝迪尼斯・布拉什維克（Denise Blasevick）以及S3經紀公司的整個團隊，你們是這本書背後的行銷戰隊。還要感謝凱文・普爾斯（Kevin Puls），他是一位網路及電子郵件行銷專家。

現在就有點棘手了，因為我腦中還有成千上萬人幫助我讓這本書順利出版。所以，我希望你們能原諒我在這裡簡單帶過……我要感謝TPE（衛生紙創業家）社群，感謝這群持續突破困難、建立一流企業的創新者與鬥士。還有那些一直幫我傳播訊息，甚至可能也還不認識我的偉大夥伴，你們真的很棒，我對你們只有無限感謝。好吧，我來試試看：謝謝你們！我打從心裡感謝你們！

一起來　思 040

南瓜計畫：
狠心摘弱枝，才能有最強競爭力的經營法則
The Pumpkin Plan: A Simple Strategy to Grow a Remarkable Business in Any Field

作　　者　麥克・米卡洛維茲（Mike Michalowicz）
譯　　者　温澤元
主　　編　林子揚
編輯協力　林杰蓉

總 編 輯　陳旭華 steve@bookrep.com.tw
出版單位　一起來出版／遠足文化事業股份有限公司
發　　行　遠足文化事業股份有限公司（讀書共和國出版集團）
23141 新北市新店區民權路 108-2 號 9 樓
電話｜ 02-22181417　傳真｜ 02-86671851
法律顧問　華洋法律事務所　蘇文生律師

封面設計　萬勝安
內頁排版　新鑫電腦排版工作室
印　　製　通南彩色印刷有限公司
初版一刷　2023 年 5 月
初版二刷　2023 年 7 月
定　　價　420 元
I S B N　9786267212172（平裝）
9786267212196（EPUB）
9786267212189（PDF）

國家圖書館出版品預行編目（CIP）資料

南瓜計畫：狠心摘弱枝，才能有最強競爭力的經營法則 / 麥克・米卡洛維茲(Mike Michalowicz) 著 ; 温澤元 譯. -- 初版. -- 新北市 : 一起來出版, 遠足文化事業股份有限公司, 2023.05
面；14.8×21 公分・--（一起來思；40）
譯自：The pumpkin plan : a simple strategy to grow a remarkable business in any field
ISBN 978-626-7212-17-2（平裝）

1. CST: 企業精神　2. CST: 策略規劃　3. CST: 職場成功法

494.1　　112001459